The Visual Guide to 1mm

目でみる 1mm(ミリメートル)の図鑑

こどもくらぶ 編

東京書籍

目でみる1mmの図鑑

ビジュアル INDEX

この本は、「PART1. 1mmであそぼう！」、「PART2. 1mmを実感しよう！」、「PART3. 1mmの拡大」、「PART4. マイクロ・ナノの世界」の4つのパートに分かれています。

- はじめに …………… 6
- この本の見方 ……… 8

PART1 1mmであそぼう！ …9

❶ 1mmの太さ・1mm²の広さ …… 10

❷ 1mmの線を引く …… 12

❸ 1mmの違い …… 14

ものしりコラム
錯視の話 …… 15

❹ 1mm線の錯視 …… 16

つくってみよう！
ノギスを手づくりしよう！ …… 18

❺ 1mm違いのふくわらい …… 20

❻ 1mmのふるいにかける …… 22

ものしりコラム
スパッタリングアート …… 24

ゾウムシ。
写真：Nikon's Small World, Dr. Luca Toledano

PART2　1mmを実感しよう！ 25

① 人間のからだ …… 26

② 人間のからだのなか …… 28

③ いろいろな毛 …… 30

ものしりコラム　主人公の身長は？ …… 32

④ うすい食べもの …… 34

⑤ 細長い食べもの …… 36

ものしりコラム　鉛筆・ミリ本アート …… 38

⑥ 活字の世界 …… 40

⑦ いろいろな製品 …… 42

⑧ うすい製品 …… 44

⑨ 自然のなかの1mmの成長 …… 46

ものしりコラム　虫めがねと倍率 …… 48

電気回路。
写真：Nikon's Small World, Dennis Hinks

はこべ。
写真：Nikon's Small World, Jens Petersen

PART3 3 1mmの拡大 49

❶ 体長1mmの虫 …… 50

❷ 世界一小さい虫たち …… 52

❸ 小さな虫のからだ …… 54

❹ 微生物の世界 …… 56

❺ 植物の葉・めしべ・茎 …… 58

❻ 植物いろいろ拡大 …… 60

ものしりコラム
1mm米つぶアート …… 62

❼ はねの表面 …… 64

❽ 木の表面 …… 66

❾ つるつる ざらざら …… 68

❿ 氷の世界 …… 70

⓫ 砂や鉱物の世界 …… 72

⑫ お札と印刷 …… 74

つくってみよう！
小さい違いを拡大器 …… 76

ものしりコラム
スギ花粉の大きさは？ …… 78

トコジラミ。
写真：Nikon's Small World, Stefano Barone

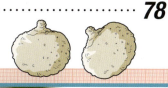

ダニ。
写真：Nikon's Small World, José Almodóvar

PART4 マイクロ・ナノの世界 79

① カビの大きさ …… 80

② いろいろな病原菌・ウイルス …… 82

③ 大気中の微粒子 …… 84

④ 紙と布の構造 …… 86

⑤ 極小の製品 …… 88

⑥ ナノテクノロジー …… 90

ものしりコラム
SF映画『ミクロの決死圏』が現実になる？
極小のニュートリノの観測 …… 92

● さくいん …… 93
● 答え …… 95

はじめに

百科事典などで「ミリメートル（mm）」という単位を調べると、1mmは、1000分の1メートル（m）であるとかかれています。「mm*1」の前の「m」が「1000分の1」をあらわし、うしろの「m」は「メートル（m）」の記号であると説明されています。

1mm = 0.1cm = 0.001mとしめす事典もあります。でも、どうしてmmは、それより大きな単位とくらべて説明するだけで、もっと小さな単位とくらべた説明がないのでしょうか？　たとえば、1mm = 1000マイクロメートル（μm）*2……などと。それは、長さの単位は、1mを基準にしているからだと考えられます。

「1m」という単位は、1790年にフランスでつくられた「メートル法*3」の基本で、それを基準にして1mmを説明しているのです。

1790年当時、人びとは1mmという長さを、非常に小さい長さだと感じたに違いありません。ところが科学の発達により、1mmよりはるかに小さい世界を見ることができるようになりました。ただ見るだけでなく、非常に小さな世界が人びとの生活に関係するようになり、問題も出てきました。そこでつくられたのが、「マイクロメートル（μm）」という単位です。「マイクロ（μ）」はギリシャ語で「小さい」という意味で、1μmは、100万分の1mです。そして現代、科学はどんどん発達しています。生活もさまざまな産業も、「μ」の世界どころか、もっともっと小さな世界と関係するようになりました。それが、最近よく聞かれるようになってきた「ナノメートル（nm）」の世界です。「ナノ（n）」は「10億分の1」を意味する言葉です。

- 1mm：1000分の1m
- 1μm：1000000分の1m
- 1nm：1000000000分の1m

1mmという長さについて、わたしたちはどう感じるのでしょうか。おそらく日常生活では、1mmは短いと

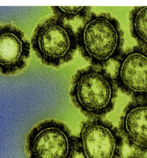

● この距離が1000万mとされ、その1000万分の1が1mとされた。

● メートルの長さを決めるために、地球の子午線（北極と南極を結ぶ線）の長さがもとめられた。

子午線

もっと知りたい
メートルという単位

1m = 1000mm

メートルという単位は、左のように地球の大きさをもとに決められた。それをもとにつくられたのが「メートル原器」という金属の棒（下の写真）。これは温度によってほんのわずかにのびちぢみする問題があったため、1983年、1mの定義が「光が真空中を2億9979万2458分の1秒のあいだに進む距離」にあらためられた。

1mは、身長約100cmの人が、腕を広げたくらいの長さ。

メートル原器の断面は、変形をふせぐために「X」の形になっている。

1mの1000分の1 = 1mm（ミリメートル）

鉛筆の先くらい　実物大

感じるのではないでしょうか。一方、マイクロやナノの世界から見れば、1mmは非常に長いことになります。

・1mm = 1000μm = 1000000nm

さて、この『目でみる1mmの図鑑』は、どんな図鑑なのでしょう。まず、わたしたち現代人の日常生活のなかで、1mmの世界がどんなものかを見ていき、小さな世界の意外な事実におどろいたり興味をもったりしていただきます。次に、マイクロやナノの世界からすると、1mmが大きな世界であることに気づいていただきます。そして「小さな世界」「大きな世界」というのは相対的なもので、そこには必ず基準があることを確認していただきます。このことは、まるである国語辞典にのっている「南」

の説明「東に向かった時、右の方角の称」*4のようだと思いませんか。これは、よく考えてみるとおもしろいですね。こんなふうに、よく考えてみるとなんともおもしろい世界を、この本で味わっていただきたいと思います。

　　　　　こどもくらぶ　稲葉茂勝

*1 「mm」と小文字であらわすことが国際的に決められている。「MM」と大文字にしたり「m/m」とかくことは、あやまり。

*2 1マイクロメートル（μm）は、1ミクロンともいう。ただし現在、ミクロンは正式にはつかわれていない。「非常に小さいメートル（m）」ということから「μ」が「m」の前につけられるようになり、1997年からミクロンのかわりにつかうよう定められた。

*3 地球の北極と南極を通る円周（子午線）の、赤道から北極までの長さの1000万分の1が1mと定められた（上のイラストを参照）。

*4 『新明解国語辞典』では、「東」について「春分の日の朝、太陽の出る方角の称」と説明している。

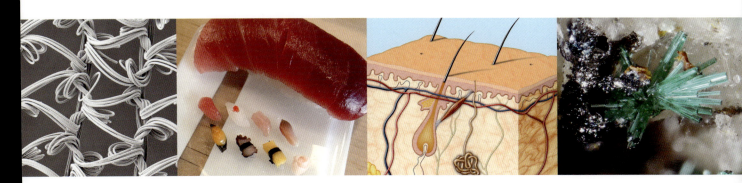

この本の見方

この本では、1mmの小さな世界、そして、それよりはるかに小さな世界などを見ていきます。

テーマ
そのページでとりあげている1mmに関するテーマ。パート1からパート4までの4つに分かれている。

ポイント
とりあげている内容について、わかりやすく説明。

問題
1mmの世界のふしぎをクイズにしてある。

見出し
この見開きで紹介している項目について、わかりやすく説明。

もっと知りたい
そのページでとりあげている内容に関連して、さらに専門的なことや、あわせて知っておきたいことを紹介。

つくってみよう！
身近なものを利用して、1mmの世界を目と手と頭をつかって実感するための工作を紹介。

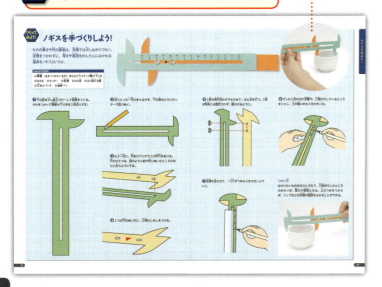

ものしりコラム

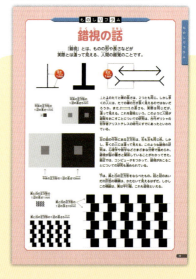

1mmの世界について、知っておくとより役立つ情報を紹介。

PART1 1mmであそぼう！

→P10 →P12 →P14 →P15

→P16 →P18 →P20 →P22

→P24

PART1　1mmであそぼう！

1 1mmの太さ・1mm²の広さ

この本では、細いようで太い、太いようで細い、1mmの世界を実感することからはじめます。

問題1
Q　幅1mmの線は、1 2 3 4 のどれ？

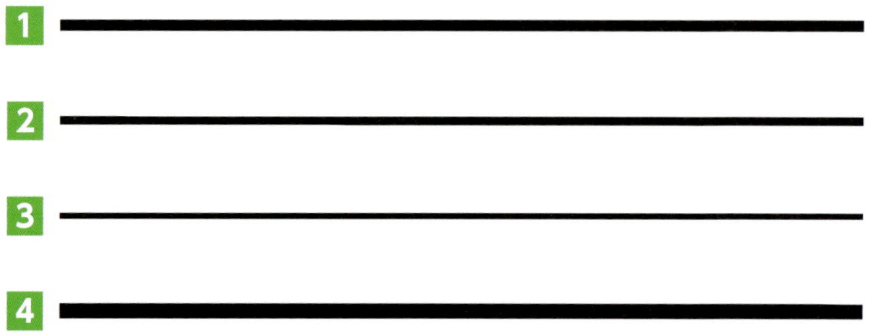

1 ────────────────
2 ────────────────
3 ────────────────
4 ────────────────

1mmの太さも
1mm²の広さも
意外と
わからない！

問題2
Q　直径1mmの円は、どれ？（1つではない）

問題3
Q　1mm²の正方形は、どれ？（1つではない）

「ミリ」は、もともとフランス語なんだ！

→答えは95ページ

問題4

幅1mmの線は、1 2 3 4 5 のどれ？
1mmの線をたどっていくと、A B C D E のどこに出る？

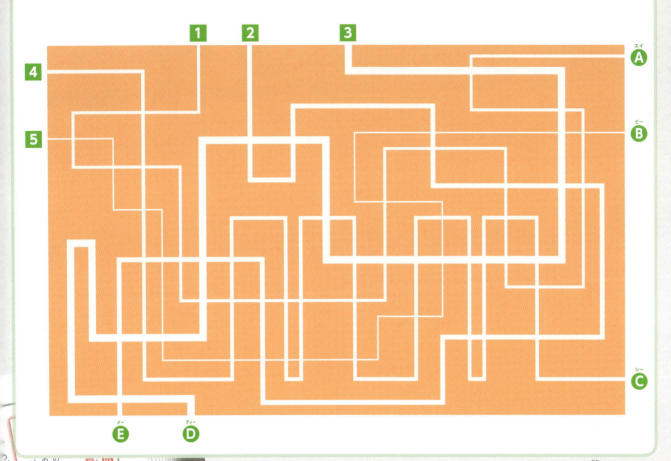

→答えは95ページ

ものしりコラム

「細い」「太い」、「せまい」「広い」とは？

左ページの問題1の1mmの線については、「細い」「太い」という言葉をつかう。『大辞林』によると、「細い」には、「棒状のものの直径が短い」、「帯状のものの幅が小さい」とかかれている。その反対は、「太い」だ。

ところが、同じ1mmでも、問題2の場合には「細い」でなく「細かい」（同じ漢字で、おくりがなが違う）や「小さい」をつかう。また、問題3の1mmについても「細かい」、「小さい」をつかうのが普通だ。「細い」は、線にはつかうが、面積にはつかわない。また、面積が少ないことや、幅が短いことをあらわすには、「せまい」という言葉もつかう。その反対は、「広い」だ。

このように、あらためて考えてみると、日本語の豊かさにおどろかされる。おもしろいのは、「大きい」・「小さい」、「細い」・「太い」、「せまい」・「広い」は、どれも、ほかのものとくらべてどうかをしめす言葉だということだ。どこまでが「小さい」「細い」「せまい」で、どこからが「大きい」「太い」「広い」といった線引きは、まったくない。

この本のテーマである「1mm」についても、それが「小さい」のか「大きい」のかは、つねにその言葉がつかわれる場面や状況によって決まってくるもので、基準はない。それでも、1mmというのは絶対的な長さ！　このページでは、手はじめに実際の1mmを見てみた。

PART1　1mmであそぼう！

② 1mmの線を引く

このページの写真は、どれも実物大です。実際の筆記具でかいた線の太さを、どう感じますか？
意外と太いと感じるものもあれば、ぎゃくのものもあるのではないでしょうか。

鉛筆　万年筆　蛍光ペン

シャープペンシル（芯の太さ0.5mm）

細めのマーカーペン

1mm

10H　10B

鉛筆の芯の太さは標準2mm

ものしりコラム

鉛筆の記号

鉛筆にかいてあるHやBは、芯のかたさとこさをしめす。Hは英語のHARD（かたい）、BはBLACK（黒い）の意味。Hは数字が大きいほどかたいため、うすくかけるのに対し、Bは数字が大きいほどやわらかいため、こくかける。FはFIRM（しっかりした）という意味で、HとBの中間に位置する。

| 10H | 7H | 4H | 2H | H | F | HB | B | 2B | 4B | 7B | 10B |

PART1　1mmであそぼう！

③ 1mmの違い

10ページで、1mmの線を実感してみましたが ここでは、1mmの長さの違いを見てみましょう。

問題1

Q　他方より1mm長いのは、1、2、3それぞれ、A、Bのどっち？

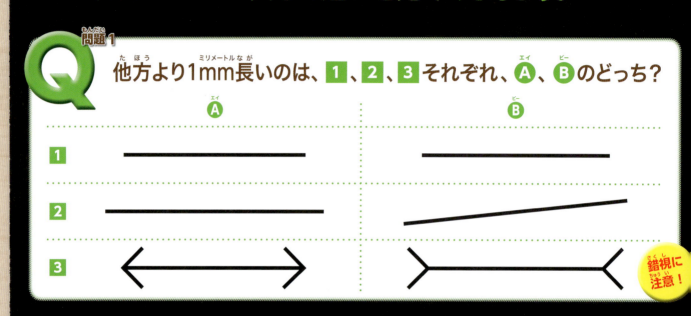

錯視に注意！

問題2

Q　正円（まん丸）は、どれ？　1つ以外は、正円ではない。

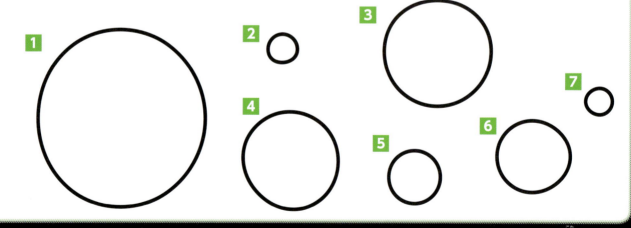

→答えは95ページ

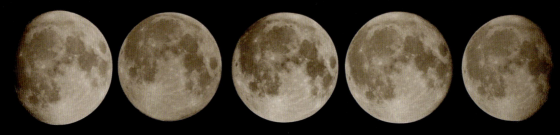

月は毎日少しずつ形をかえ、約30日の周期で満ちかけする（真んなかが満月）。

ものしりコラム

錯視の話

「錯視」とは、ものの形や長さなどが
実際とは違って見える、人間の錯覚のことです。

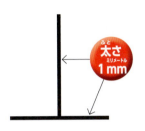
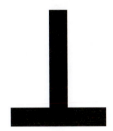
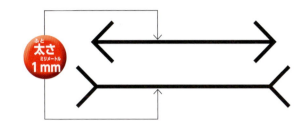

⊥と┻のたてと横の長さは、2つとも同じ。しかし多くの人には、たての線の方が長く見えるのではないだろうか。また⇌の長さも、実際は同じだが、違って見える。これを錯視という。このように人間が錯覚をおこすことについての研究は、古代ギリシャの哲学者アリストテレスの時代にすでにあったといわれている。

中央の正方形の
1辺の長さ1mm

中央の正方形の
1辺の長さ5mm

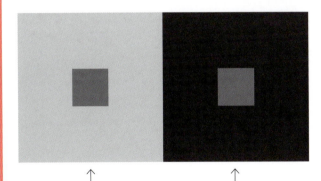

↑　　　　　　↑
中央の正方形の1辺の長さ10mm

左の図の中央にある正方形は、右も左も同じ色。しかし、多くの人には違って見える。このような錯視の研究は、心理学や数学などさまざまな分野で進められ、錯視が脳の働きと関係していることがわかってきた。最近では、コンピュータをつかって、錯視がおこることについての研究も進められている。

下は、黒と白の正方形をならべたもの。段と段のあいだの灰色の横線は、かたむいて見えるはずだ。しかしこの横線は、実は平行線。これも錯視といえる。

黒と白の正方形の
1辺の長さ1mm

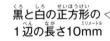

黒と白の正方形の
1辺の長さ10mm

黒と白の正方形の1辺の長さ5mm

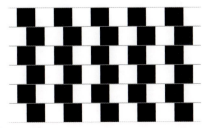
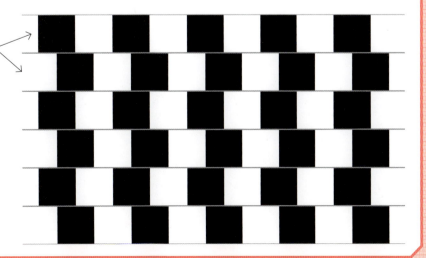

15

PART1　1mmであそぼう！

④ 1mm線の錯視

幅1mmの線をつかった3種類のパターンでは、どんな錯視がおこるでしょうか？　ふしぎな錯視を実感してみましょう。

幅1mmの線のふしぎ❶
● 何かふしぎなことはない？

たて、横の交わったところに、何かが見えるよ！

幅1mmの線のふしぎ❷
● 幅1mmの線のあいだを通ってゴールをめざそう。

スタート

ゴール

幅1mmの線のふしぎ❸

● スタートからゴールまで、同じ色の1mmの線をたどっていこう。

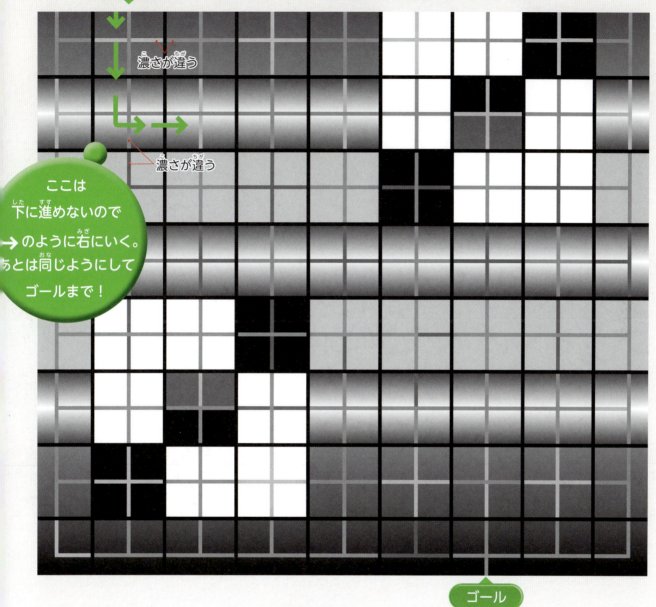

種あかし

ふしぎ❶ 線の交わったところに、直径1mmくらいの黒い丸がチカチカして見える。

ふしぎ❷ 黒い横線はすべて平行線だが、錯視によってかたむいて見える。

ふしぎ❸ 背景の色によって、幅1mmの線の色が違って見える。

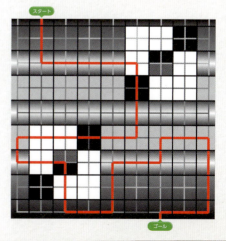

ノギスを手づくりしよう!

ものの厚さや円の直径は、定規では少しはかりづらい。定規をつかわずに、厚さや直径をかんたんにはかれる道具をノギスというよ。

じゅんびするもの
- 厚紙（なるべくかたいもの）またはプラスチック製の下じき
- はさみ ●カッター ●定規 ●はと目 ●はと目打ち器
- 穴あけパンチ ●油性ペン

❶ 下の図を少し拡大コピーして型紙をつくる。それをつかって厚紙か下じきを2枚切りだす。

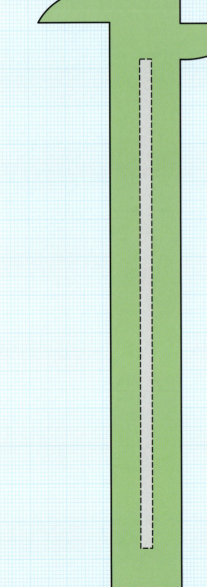

❷ 切りとった一方のまんなかを、下の図のようにカッターで切りぬく。

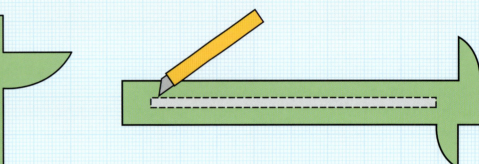

❸ もう一方に、穴あけパンチで2か所穴をあける。穴のひとつは、図のように❷で切りぬいたところのはじと合うようにする。

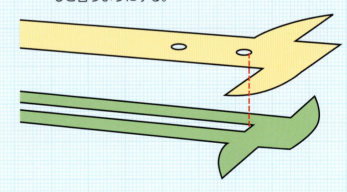

❹ 2つの穴のあいだに、三角のしるしをつける。

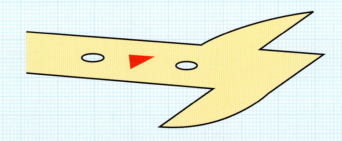

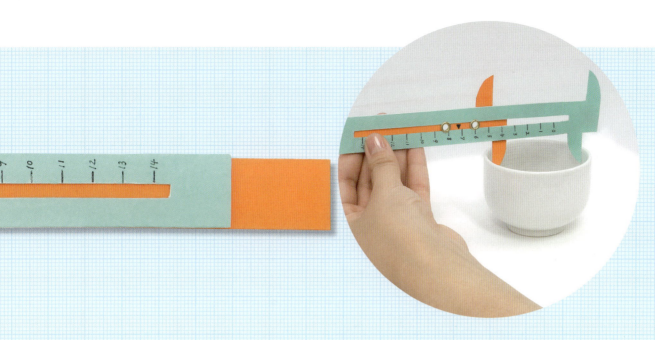

❺ 2枚を背中合わせでかさねて、はと目を打つ。2枚が完全には固定されず、動かせるように。

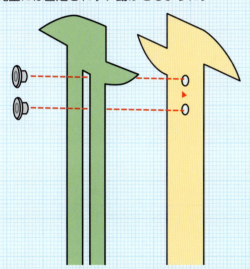

❻ ぴったり合わせた状態で、三角がさしているところを0とし、上の板にめもりをかきこむ。

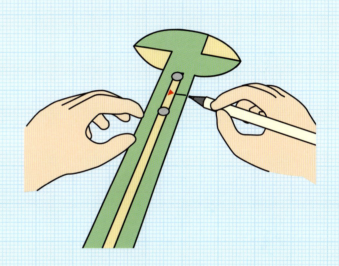

❼ 定規を合わせて、1cmずつめもりをかきこんでいく。

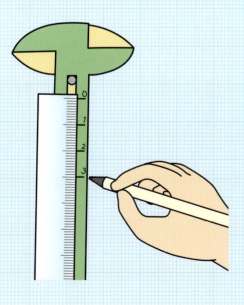

つかい方

はかりたいものをはさんでみて、三角がさしたところのめもりが、厚さや直径となる。上のつめをつかえば、コップなどの内側の直径をはかることができる。

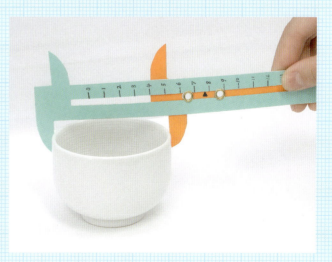

PART1 1mmであそぼう！

⑤ 1mm違いのふくわらい

たかが1mm、されど1mm。1mm短くなったり、長くなったり、1mm幅がせまくなったり、広くなったりするだけで、大きな違いが出ることを、2つの例で見てみましょう。

1mm動いただけで…
●ふくわらいは少しずれただけで表情が違って見える。

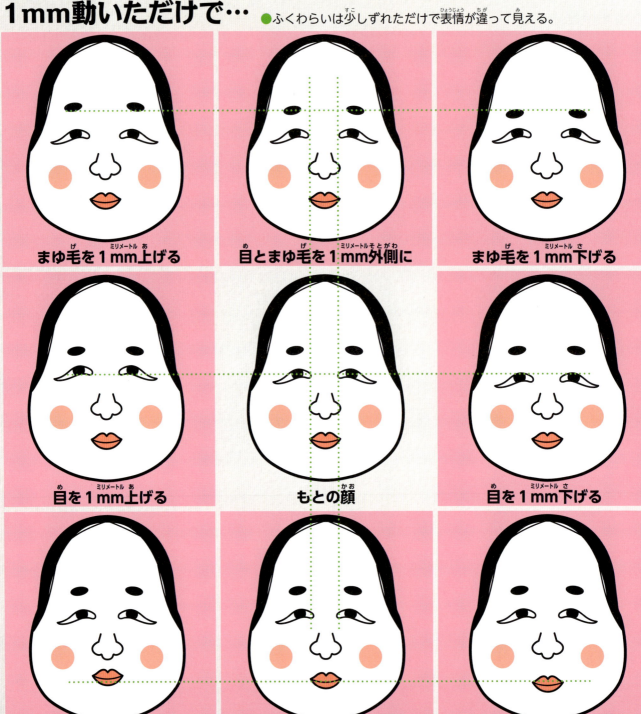

まゆ毛を1mm上げる　　目とまゆ毛を1mm外側に　　まゆ毛を1mm下げる

目を1mm上げる　　もとの顔　　目を1mm下げる

口を1mm上げる　　目とまゆ毛を1mm内側に　　口を1mm下げる

人の顔

●人の顔も、目やくちびるが1mmかわっただけで印象が違うといわれている。

もとの顔

1mm変化させた顔

まゆ毛を1mm太く

まつ毛を1mm長く

1mmのアイラインをひく

くちびるを1mm大きく

PART1　1mmであそぼう！

⑥ 1mmのふるいにかける

「ふるい」はわくの下に網をはった道具です。つぶ状のものを入れてふるうと、網目を通る細かいものが下に落ちます。

土をよりわける

●ふるいの網の目には、さまざまな大きさがある。下は、土を、1mm、2mm、5mmの網目のふるいにかけたときの違いだ。

土をふるいにかけるとどうなる？

約1mm　1mmのふるい　実物大

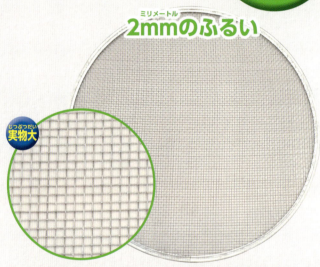

2mmのふるい　実物大

落ちた土　実物大
のこった土　実物大
10mm

落ちた土　実物大
のこった土　実物大
10mm

Q 問題

網の目が1mmのふるいで1mm以上のものが通るってほんと？

1. ほんと
2. うそ

→答えは95ページ

5mmのふるい

実物大

落ちた土　実物大

のこった土

10mm

10mm　実物大

もっと知りたい

ふるいのつかいわけ

ふるいの網の目の大きさをあらわす単位としては、「目」もしくは「メッシュ」が用いられている。「目」は1寸（約30.3mm）あたり、「メッシュ」は1インチ（約25.4mm）あたりの網目の数をあらわしている。

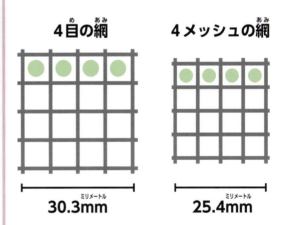

4目の網　　4メッシュの網

30.3mm　　25.4mm

そば打ちでは、70目ほどのふるいでそば粉をふるう。もっとも細かい「打ち粉*」をふるいわける際には、100目ほどのふるいをつかう。

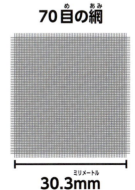

70目の網

30.3mm

*台とそばや、切ったそば同士などがくっつかないようにするためにかける粉。

ものしりコラム

スパッタリングアート

細かい金網に絵の具をこすりつけると、金網の下に絵の具がしぶきのように飛びちります。これを「スパッタリング」といいます。金網の大きさをかえると、もようはどのようにかわるでしょうか。

じゅんびするもの
●絵の具　●歯ブラシ　●金網　●紙

スパッタリングのやり方

❶ 新聞紙をしいたテーブルや床の上に、もようをつけたい紙を置く。

❷ 歯ブラシに絵の具をつける。

❸ 歯ブラシを金網の目にこすりつける。

❹ 絵の具が飛びちって、下の紙にもようができる。

❺ ある程度もようができたら、ちがう色で❷〜❹をくりかえす。このとき、紙の一部を何か（ほかの紙や葉っぱなど）でおおうと、その形が、紙にうかびあがる。

1mmの網

3mmの網

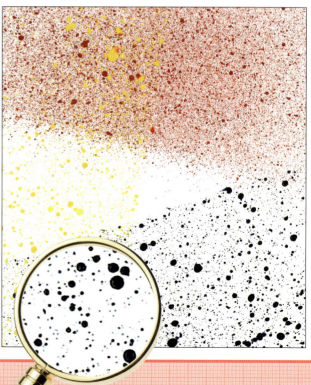

PART2 1mmを実感しよう！

→P26　→P28　→P30　→P32
→P34　→P36　→P38　→P40
→P42　→P44　→P46　→P48

PART2　1mmを実感しよう！

①人間のからだ

自分のからだのなかで、1mmのものというと何を思いうかべるでしょう。なかなか見つからないかもしれません。からだのいろいろな部分の大きさを見てみましょう。

瞳孔

●瞳孔とは、黒目の中心にある、色のこい部分のこと。瞳孔の大きさは、まわりの明るさによって、約2～6mmのあいだで変化するとされている。たとえば、くらい場所では、光を多くとりこむために、瞳孔は大きくなる。ぎゃくに、明るい場所では、目に入る光の量を減らすために、瞳孔は小さくなる。こうして目に入る光の量を調節することで、まわりがよく見えるようにしている。

暗い場所

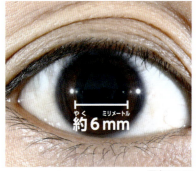
約6mm
写真：アフロ

明るい場所

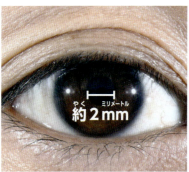
約2mm
写真：アフロ

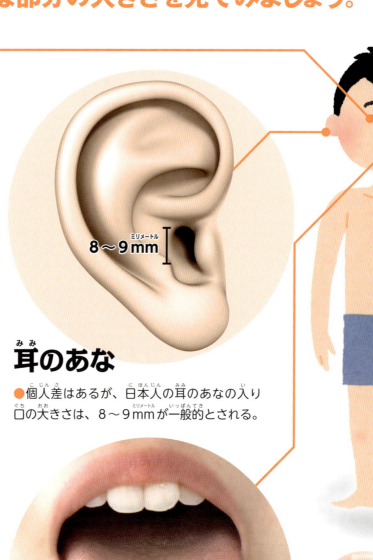

耳のあな

●個人差はあるが、日本人の耳のあなの入り口の大きさは、8～9mmが一般的とされる。

8～9mm

舌の厚さ

●成人の平均は20mmくらいだといわれている。

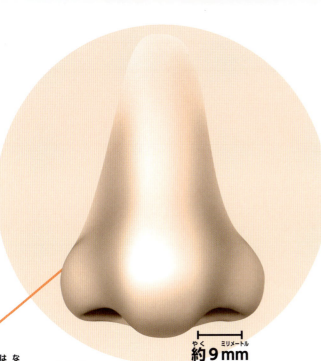

鼻のあな

●鼻のあなの大きさは個人差が大きいといわれ、形もさまざま。編集部で調査した平均は9mmほど。

約9mm

もっと知りたい

つめののびる速度

成人の場合、手のつめは1日に平均0.1mmずつ、のびるとされている（子どもや高齢者は、それよりもおそい）。また、冬よりも夏のほうが、のびる速度が速くなるのがふつうだ。

PART2 1mmを実感しよう！

小指のつめ

●手の小指のつめの場合、成人の平均の大きさは、約12mm。足の小指のつめはそれより小さく、5mmくらいの人もいる。

指紋は1人ひとりちがう

ものしりコラム

指紋の幅

指紋は、人や指によってことなり、一生涯かわらない。そのため、本人であることを証明するのに、指紋をつかうことがある。指紋認証技術の研究者のある論文では、平均的な指紋の幅は、約0.4mmとなっている。指紋があることで、ものをつかんだときの摩擦が大きくなり、すべりにくくなる。また、ものにさわったときに、うず巻き状のでこぼこがへこむことで、触覚を増幅させる役割もあるとされている。

PART2　1mmを実感しよう！

② 人間のからだのなか

からだのなかの
ものの大きさは、
自覚できませんね。
ここでは血管の太さと
肺、皮ふなどについて
見てみましょう。

血管
●血管には酸素や栄養素をはこぶ動脈と、二酸化炭素や老廃物をはこぶ静脈がある。その太さは、場所によってさまざま。太いものは30mmほどにもなる。

皮ふ
●皮ふの厚さは体の部分によってばらつきがあり、平均は2mmくらいといわれている。いちばん厚いのは足のうらの皮ふで、いちばんうすいのはまぶたの皮ふだ。

大動脈
太さ 約25mm

大静脈
太さ 約30mm

動脈（赤い血管）の平均
太さ 3〜4mm

静脈（青い血管）の平均
太さ 約5mm

皮ふの断面図

平均約2mm

イラスト：野口賢二

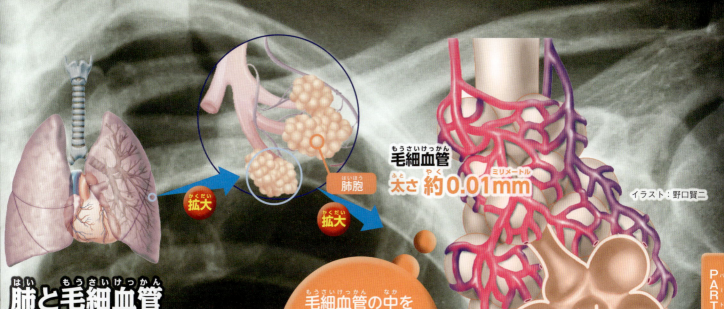

肺と毛細血管

●肺は、肺胞という0.1mmほどの小さなふくろがたくさん集まってできている。肺胞のまわりには毛細血管が網の目のようにはりめぐらされている。

毛細血管 太さ 約0.01mm

毛細血管の中を血液が流れる速さは、毎秒約1mm

肺胞 直径 約0.1mm

胎児の発達

●受精した卵子は、子宮のなかで細胞分裂をくりかえし、大きくなっていく。はじめは0.1～0.2mmほどだが、受精後約4週間でおよそ1mmに成長するといわれている。うまれるのはだいたい39～40週目で、それまでに、赤ちゃんの身長は、500mm前後まで大きくなる。

精子と卵子

卵子 / 精子 0.06mm / 0.1～0.2mm

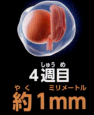 4週目 約1mm → 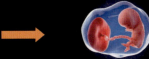 11週目 約47mm → 27週目 約380mm → 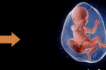 39週目 約500mm

もっと知りたい

人間のからだでいちばん小さい骨

からだのなかでいちばん小さい骨は、頭蓋骨の奥にある耳小骨という骨。耳小骨はつち骨、きぬた骨、あぶみ骨という3つの骨からなり、大きさはそれぞれ数ミリメートルしかない。耳小骨には、鼓膜で受けた音を耳の奥の内耳に伝える働きがある。

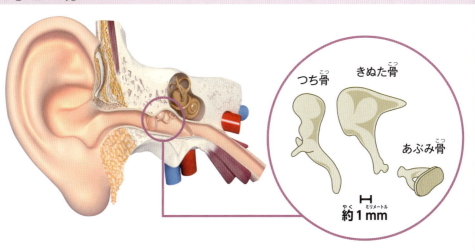

つち骨 / きぬた骨 / あぶみ骨 約1mm

PART2 1mmを実感しよう！

イラスト：野口賢二

PART2　1mmを実感しよう！

③ いろいろな毛

動物の皮ふには毛がはえています。人間の皮ふも同じです。
毛の長さは、部分によって違います。
毛がはえていないところもあります。

人間のからだにはえるいろいろな毛

まつ毛
● 個人差があるが、大人の場合、7〜8mmがふつう。

まゆ毛
● まゆ毛の長さは個人差が大きいが、大人ではおよそ10mm。

髪の毛
● 髪の毛の長さは人それぞれ。日本人の髪の毛は、1日に0.2〜0.5mmのびるといわれている。

口ひげ
● 年齢や気候によって違うが、成人男性の場合、1日平均して0.2〜0.4mmのびるといわれている。

拡大

ものしりコラム

のびる毛・のびない毛

体毛は、皮ふの下で眠っている「休止期」、のびていく「成長期」、成長がとまって抜けおちるまでの「退行期」の3つのサイクル（毛周期）で、はえかわる。髪の毛やひげなどは、ほかの体毛よりも毛周期が長いので、長くのびる。一方、まゆ毛やまつ毛は、毛周期が短いので、長くのびない。

いろいろな動物の毛

ヒツジの毛
太さ 0.016〜0.054mm

● ヒツジの毛は、保温性が高く、セーターなどにつかわれる。

アルパカの毛
太さ 0.018〜0.04mm

● アルパカは、南アメリカ大陸で、毛を利用するために品種改良された家畜。毛はやわらかい。

PART2 1mmを実感しよう！

カシミアヤギの毛
太さ 0.012〜0.016mm

● カシミアは、一頭から年150〜200gほどしか採取できない高級な繊維。良質な毛は0.012〜0.016mmときわめて細い。

ウマのしっぽの毛
太さ 約0.1mm

● ウマのしっぽの毛は、筆やブラシ、バイオリンの弓につかわれている。

バリカンで1mmに刈った髪の毛

もっと知りたい

ハリネズミの針は毛

ハリネズミのからだの外側は、とがった「針」でおおわれている。これは、毛がかたく発達したもので、直径は約1mmほど。

拡大

太さ1mmのハリネズミの毛

ものしりコラム

主人公の身長は？

からだの小さい登場人物がかつやくする物語は、世界にも日本にもあります。
そんな登場人物たちの大きさくらべをしてみましょう。

一寸法師

● 日本の昔話でおなじみの一寸法師は、その名の通り、1寸の大きさ。「寸」は、日本の伝統的な長さの単位で、約3.03cmだが、物語のなかで一寸法師は、「小指ほどの大きさしかなかった」とかかれているので、もう少し大きかったとも考えられる。

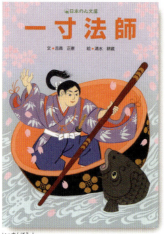

一寸法師はおわんのふねをおはしでこいで旅に出た。

絵：清水耕蔵　発行：登龍館

おやゆび姫

●「おやゆび姫」は、デンマークの作家アンデルセンの童話。「親指半分くらいの大きさ」とかかれている。親指の長さをおよそ5cmとすると、おやゆび姫は、身長2.5cmほどだったことになる。

チューリップの花からうまれたおやゆび姫。

発行：小学館

かぐや姫

● 竹からうまれたかぐや姫。原作となった『竹取物語』は、いまから1000年以上前にかかれた物語だ。それによると、かぐや姫は「三寸ばかりなる人」とかかれている。すると、身長は3.03×3＝約9.09cm。その後、みるみるうちに大きくなり、3か月で大人になったといわれている。

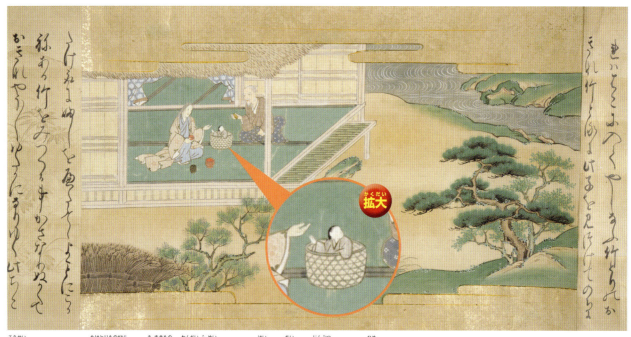

後世につくられた『竹取物語』の絵巻物（年代不明）。かごに入った小さい人物がかぐや姫。

国立国会図書館所蔵

ガリバー旅行記

●18世紀にかかれたイギリスの小説『ガリバー旅行記』では、主人公ガリバーが小人国にまよいこむ。物語のなかで、彼らの身長は、「6インチもない」とかかれている。1インチは、約2.54cmなので、約15cm！ この国では、ガリバーはとても大きく見えたことだろう。

ぎゃくに、ガリバーは巨人の国にいったこともあった。巨人の大きさは、約60フィートとされている。1フィートは、30.48cmなので、約18.3m。この国では、ガリバーは、巨人にひょいとつまみあげられてしまうくらい小さい存在だった。

小人国にまよいこんだガリバーをかいた絵。住人たちがガリバーのからだの上によじのぼっている。　画像：ユニフォトプレス

> PART2　1mmを実感しよう！

④ うすい食べもの

日本食は、食材にあわせて絶妙に厚さを調節しています。
道具も食材にあわせて専用のものがつかわれます。
うすい食べものを料理するには、うすい包丁がつかわれます。

ふぐ引き包丁 刃先の厚さ 約1.5mm ●刃の中心部分の厚みは約1.8mmで、先に行くほどうすくなる。

ふぐさし 厚さ 約1mm ●ふぐは身がしまっていて、歯ごたえがあるため、かみきれるようにうすく切る。

お皿の色がすけるほどうすいふぐさし

しゃぶしゃぶ肉　すきやき肉
厚さ 約1.5mm　　厚さ 約2.5mm

● スーパーなどでは、「しゃぶしゃぶ用」「すきやき用」など、料理にあわせた厚さで切られた肉が売られている。しゃぶしゃぶ用はさっと火を通して食べるのでうすく、すきやき用は、にこんで食べるので厚めに切られている。

かつらむき　厚さ 約1mm

● 厚さは料理や店によって違うが、さしみのつまなどにつかうときは、およそ1mmくらいでつくられることが多い。

かつおぶし

● だしをとるのにつかわれるかつおぶしは、「かんな」という道具でけずる。刃を出し入れすることで、けずり具合を微妙に調整することができる。

かんなの刃。

厚さ 0.8～1mmのかつおぶし　　厚さ 約0.07mmのかつおぶし　　厚さ 約0.04mmのかつおぶし

※上の写真は機械でけずったもの。

PART2　1mmを実感しよう！

PART2 1mmを実感しよう！

⑤細長い食べもの

めん類やパスタには、さまざまな種類があります。同じ材料からできていても、太さが違うと名前がかわることもあります。

※太さはすべて編集部で実測したおおよその数字。ここにあげたものは一例で、おなじ種類のめんでもいろいろな太さがある。

- そうめん 約1mm
- そば 約1.3mm
- ひやむぎ 約1.5mm
- スパゲッティ 約1.7mm
- ラーメン 約2.1mm
- うどん 約2.3mm
- きしめん 約5mm

実物大

名前がかわるめん

●そうめん、ひやむぎ、うどん、きしめんは、どれも小麦粉からできている。違うのは太さで、どの太さのめんを何とよぶかは、日本農林規格で決められている。

- 1.3mm未満……………そうめん
- 1.3mm以上 1.7mm未満…ひやむぎ
- 1.7mm以上……………うどん
- 4.5mm以上……………きしめん

もっと知りたい

「スパゲッティ」にもいろいろ

スパゲッティにも、太さによっていろいろなよび方がある。ソースの種類などによって、太さをかえる。

- 約0.9mm…「カッペリーニ」
- 約1.4mm…「フェデリーニ」
- 約1.6mm…「スパゲッティーニ」
- 約1.9mm…「スパゲッティ」

太さ 約0.3mm

写真：博物館ネットワークセンター

南関そうめん

● 熊本県の南関そうめんは、約30cmの生地を手作業で8mほどの長さにのばして乾燥させる。こうすることで細くてのどごしのよいめんができる。

「切りベラ23本」

● 江戸前そばには、江戸時代から続く、めんの太さの決まりがある。1寸（30.3mm）を23本に切りわけるという意味で、「切りベラ23本」という。

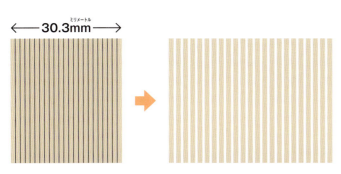

> もっと知りたい

クスクス

クスクスは、小麦粉を小さく丸めて蒸したもので、北アフリカなどでよく食べられている。1つぶが約1mmの大きさで、「世界最小のパスタ」といわれることもある。

1つぶ 約1mm　実物大

太さ 約1.3mm

ものしりコラム

鉛筆・ミリ本アート

鉛筆や本など、身近にあるものにも小さなアートの世界がひろがっています。
興味をもったら、ちょうせんしてみてはどうでしょうか。

1本の芯からつながったくさりがけずりだされている。

1つのくさり
4.5mm

実物大

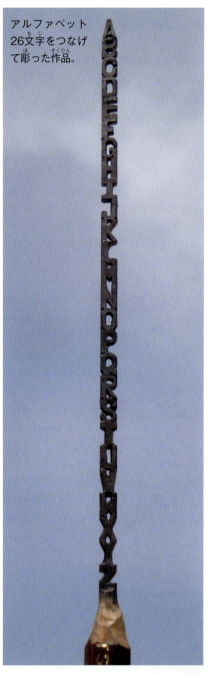

アルファベット26文字をつなげて彫った作品。

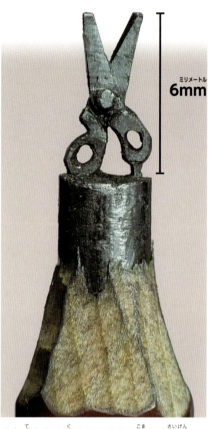

6mm

もち手やとめ具のところまで細かく再現されたはさみ。

鉛筆彫刻

●鉛筆の芯をけずって彫刻作品をつくるのは、鉛筆彫刻家の山﨑利幸さん。デザインナイフという道具をつかって、文字やくさりなどさまざまな造形をけずりだす。やわらかい芯が折れないようにけずるのは至難のわざ。こった作品だと、つくるのに数か月かかることもあるという。

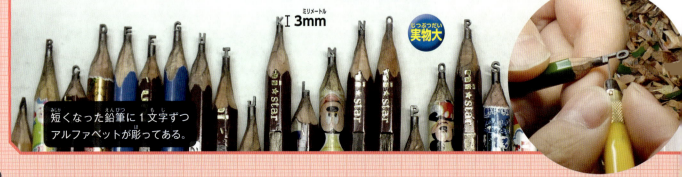

3mm　実物大

短くなった鉛筆に1文字ずつアルファベットが彫ってある。

豆本(まめほん)

● 手のひらより小さい本を「豆本」といい、江戸時代から小さなアート作品として日本人に親しまれてきた。豆本作家の赤井都さんは、装丁や印刷、製本をすべて手作業でおこない豆本をつくっている。左の写真は、詩がかかれた豆本。指でやっとめくれるほどの大きさだが、ページ数は70ページもある。印刷される文字の大きさは2mmほど。

どんなに小さくても、きちんと本として読めるのが豆本の魅力。

28mm / 23mm / 9mm

豆本制作：赤井都

糸をつかって、本をとじているところ。

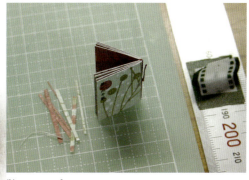

本のはじを切りそろえたところ。

もっと知りたい

世界一小さい本

大きさ0.74mm×0.75mmのマイクロブック『四季の草花』は、凸版印刷株式会社が製作した「世界一小さい印刷された本」だ。非常に小さな文字やイラストが印刷されている。ルーペで拡大しないと読むことができない。

印刷されているイラストは12点。写真上は針の頭。

拡大 1.5mm

企画製作：凸版印刷株式会社 印刷博物館

PART2 1mmを実感しよう！

❻活字の世界

活字の大きさは「ポイント（pt）」という単位であらわします。
1mmは、2.857ptとされています。
ここでは、「ポイント」とよばれる単位について見てみましょう。

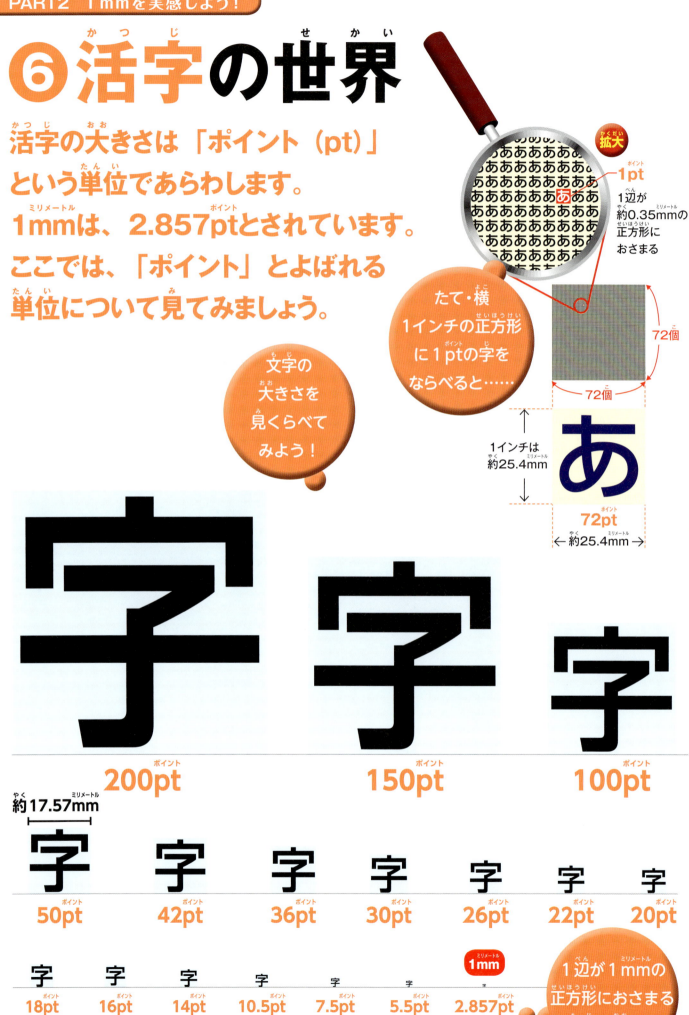

文字の大きさを見くらべてみよう！

たて・横1インチの正方形に1ptの字をならべると……

1pt　1辺が約0.35mmの正方形におさまる

72個　72個

1インチは約25.4mm

72pt　←約25.4mm→

200pt　150pt　100pt

約17.57mm

50pt　42pt　36pt　30pt　26pt　22pt　20pt

18pt　16pt　14pt　10.5pt　7.5pt　5.5pt　2.857pt

1mm

1辺が1mmの正方形におさまる文字の大きさ

※ここではアメリカ式ポイントで示している。

ものしりコラム

微妙に違うポイントの大きさ

15世紀にドイツのヨハネス・グーテンベルクが活版印刷技術を発明して以来、ヨーロッパでは、数多くの活版印刷用の文字（活字）がつくられてきた。しかし、活字の大きさが地域や都市などによってバラバラだったため、フランスのピエール・シモン・フルニエという人が標準の単位をつくり、文字の大きさを指定しようとした。その後、いくつかの基準が決められ、現在では、同じ名前で、寸法のことなる複数の「ポイント」が存在している。日本では、日本工業規格（JIS）によってアメリカ式が採用されている。ただし、パソコンでは、「DTPポイント」がつかわれている。

様式	発祥	1ptの一辺
フルニエ式ポイント	フランス	0.3488mm
ディドー式ポイント	フランス	0.3759mm
アメリカ式ポイント	アメリカ	0.3514mm
DTPポイント	パソコン	0.3528mm

線の太さにもポイントはつかわれる

- 0.5pt
- 1pt
- 2pt
- 2.857pt（1mm）
- 4pt
- 8pt
- 16pt

字 80pt　字 60pt

もっと知りたい

日本の文字の大きさの単位

日本の印刷では、「号数」と「級数」という独自の文字の大きさの単位がある。「号数」は、活版印刷用の文字（活字）の大きさの単位で、「初号」から「8号」までの9種類。「級数」という単位は、1級＝1辺が0.25mmで、1mmの4分の1（Quarter）であることから、英語の「Q」を当てて「級」数とよばれている。活字の大きさは1962年に日本工業規格（JIS）で定められてからは、ポイントに統一されたが、級数は現在でもつかわれている。

同じくらいの大きさの文字の比較表

号数	級数	DTPポイント
初号	62級	42pt
1号	38級	26pt
2号	32級	22pt
3号	24級	16pt
4号	20級	14pt
5号	15級	10.5pt
	14級	10pt
	13級	9pt
	12級	8pt
6号	11級	7.5pt
7号	8級	5.5pt

写真のしくみを利用して文字を紙に印刷する写真植字（写植）でつかう文字盤。写植の誕生にともなって級数ができた。

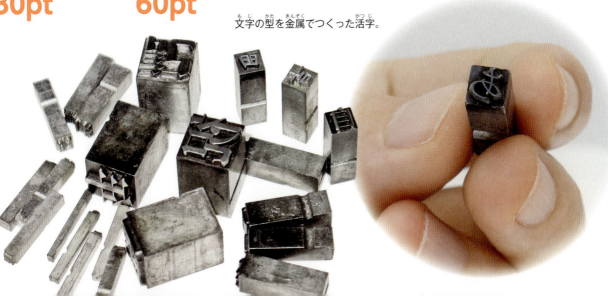

文字の型を金属でつくった活字。

PART2 1mmを実感しよう！

⑦いろいろな製品

科学技術の進歩とともに、あらゆる製品が
どんどん小さくなってきています。
ここでは、非常に小さなばねやねじ、
歯車（ギア）などの
工業製品を見てみましょう。

機械式うで時計

●機械式うで時計は、電池ではなくぜんまいの力で動くうで時計。たくさんの細かい部品が組みあわさってできている。竜頭をまわして、ぜんまいを巻くと、細かい歯車とパーツがかみあい、秒針が少しずつ動く。

実物大

機械式うで時計の全部品

写真：三田時計メガネ店

ぜんまい

竜頭

小型化する部品

● 医療機器や半導体などは、どんどん小型化している。そのため、1mm以下のねじやばねなどがつくられるようになった。製造しているのは、高度な技術をもった日本の町工場だ。

極小ねじ

材料を転がしながら圧力で加工する「転造」という加工方法でつくられている。写真のものは、ねじ部分の直径が0.3mm。十円玉にきざまれている数字の幅よりも小さいねじだ。

約0.3mm

写真：(株)大新工業製作所

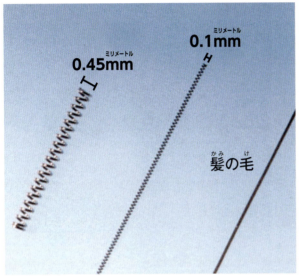

0.45mm　0.1mm　髪の毛

写真：マルホ発條工業株式会社

極小ばね

人の血管に入ることができるほどの太さで、カテーテル（体内にさしこんで薬などを注入するための管）などの医療機器にも利用されている。0.01mmというきわめて細いワイヤーをばねの形に加工することもある。このような加工は、高度な技術を持った工場でしかできない。

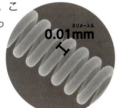

0.01mm

写真：マルホ発條工業株式会社

PART2　1mmを実感しよう！

もっと知りたい

パウダーギア

直径0.147mmの歯車。髪の毛の直径とほぼ同じ大きさ。重さは100万分の1g。あまりにも小さすぎて、この歯車を活用できる製品がまだない。

髪の毛と極小ギヤ（1/100万g）

写真：(株)樹研工業

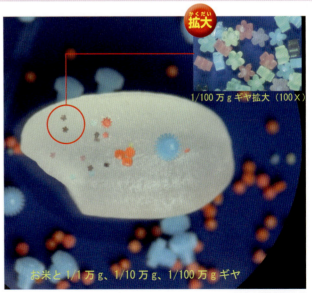

お米と1/1万g、1/10万g、1/100万gギヤ

1/100万gギヤ拡大（100×）

写真：(株)樹研工業

PART2 1mmを実感しよう！

⑧ うすい製品

ガラスのコップ1つとっても、厚手のものから、とてもうすいものまでさまざまです。宇宙に飛びたつロケットの機体の厚さが3mmなんて、信じられますか？

ガラスコップ

●厚さが約1mmのガラスコップは、飲みものを入れたときの美しさと、口あたりのよさが人気。飲み口から底までをなるべく均等な厚みでつくるのには、高い技術力が必要。

厚さ 1mm

写真：株式会社木村硝子店

めがね

約15cm

●福井県鯖江市で生産されている、たたむと厚さがわずか2mmになるめがね。

厚さ 2mm

写真：(株)西村プレシジョン

曲がる電池

●電池といえば円柱形の乾電池などが一般的だが、近年、紙のような極薄電池が開発された。厚さ0.45mmのリチウムイオン電池だ。現在、このようなうすい電池を利用したシート状の電子書籍の開発が進められている。

写真：三重県産業支援センター

PART2 1mmを実感しよう！

外板（アルミ合金）の厚さ約1mm

飛行機

● 飛行機の外板には、アルミと金属の合金（ジュラルミン）がつかわれている。ジュラルミンは軽くて強度があり、その厚さは1mmほど※。その上にうすい塗装をほどこしている。

※部位によっては数ミリメートル厚い外板がつかわれている。

ロケット

● ロケットの機体の厚さは3mmほどと大変うすく、軽くつくられている。打ちあげ前のロケットの重量は、そのほとんどが積みこんだ燃料の重さで、ロケット自体の重さは約10％ほど。これは卵のからや、ジュースの空き缶と同じくらいの比率だ。

| もっと知りたい |

金箔

石川県の名産品で、食品や工芸品などにつかわれる金箔は、とてもうすい製品の1つ。その厚さは、0.0001mm（0.1μm）になることもあるといわれる。3.75g（5円玉と同じ重さ）から打ちのばしてできる金箔は、およそたたみ1畳分にもなるという。

写真：金沢市

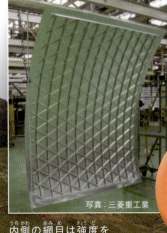

内側の網目は強度を上げるためのもの。
写真：三菱重工業

ロケットの機体の厚さ約3mm

写真：三菱重工業

PART2 1mmを実感しよう！

⑨自然のなかの1mmの成長

自然界には、気の遠くなるような時間をかけて少しずつ成長するものがあります。1mm成長するのに、どれくらい時間がかかるのでしょうか。

ポストイナ鍾乳洞
●ヨーロッパのスロベニアにある鍾乳洞。総延長は20km以上もある。ピウカ川の地下水によって、約200万年かけてつくられたといわれている。

1mm成長するのに約10年

石垣島鍾乳洞

● 沖縄県の石垣島にある鍾乳洞。かつて海底だった石灰質の地形にある。日本一成長が速く、3年に1mmのびている。

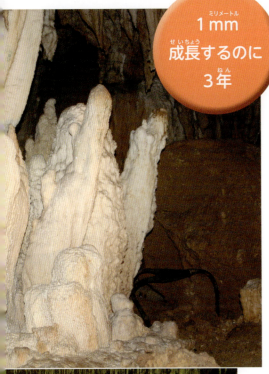

1mm 成長するのに 3年

宝石サンゴ

● 宝石サンゴは、水深800〜1000mの海に生息するサンゴの総称。かたく、美しいため、宝石に利用されてきた。しかし、年にごくわずかしか成長しないため、採取は制限されている。

1mm 成長するのに 6〜7年

ストロマトライト

● 光合成*をする原始的な細菌が集まってできた岩石のような構造物。オーストラリアの限られた地域で見られる。先カンブリア時代（いまから約46億年〜5億4300万年前の約40億年間の時代）には世界各地に生息し、地球に酸素をもたらしたと考えられている。1年で0.4mmほどしか成長しない。

*植物が太陽光と二酸化炭素から、成長に必要な栄養をつくる働き。その過程で酸素がつくられる。

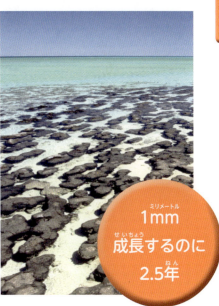

1mm 成長するのに 2.5年

PART2 1mmを実感しよう！

ものしりコラム

こんぺいとうの製造

こんぺいとうは、大きな釜に入れたざらめ（砂糖）に少しずつとうみつをかけながらころがし、製造する。1日に1mmほどしか大きくならず、商品となるには、14日ほどかかるといわれている。こんぺいとうの角は、砂糖がとけてふたたびかたまる際に、結晶化したものだ。

写真：(株)佐々木製菓

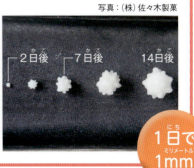

2日後　7日後　14日後

1日で 1mm

ものしりコラム

虫めがねと倍率

虫めがねをつかえば、小さいものや細かいものを拡大して見ることができます。

●虫めがねは、倍率によってつかい方が違う。「倍率」とは、あるものがほかのものの何倍に見えるかをあらわす割合。1mm×1mmの文字は、倍率が2倍の虫めがねなら2mm×2mmに、倍率が4倍の虫めがねなら4mm×4mmに見える。

読書などにつかう虫めがねの倍率は、だいたい3倍くらいまで。4倍以上は、おもに植物や虫の観察などにつかう。8〜10倍くらいのものは、宝石の鑑定などにつかう。倍率が高いほど対象物が拡大されるので、一度に見える範囲はせまくなる。

倍率の比較

倍率が低めの虫めがね（左）と、高めの虫めがね（右）。一般的に、倍率が高いほどレンズの直径が小さくなり、対象物との距離は短くなる。

もっと知りたい

虫めがねをつかうコツ

目の近くで虫めがねをささえて、見たいものの方を動かすのがコツ。見たいものが動かせないときは、自分のからだを近づけるようにする。　※目をいためるので、太陽は絶対に見ないこと。

PART3 1mmの拡大

トコジラミ。
写真：Nikon's Small World, Stefano Barone

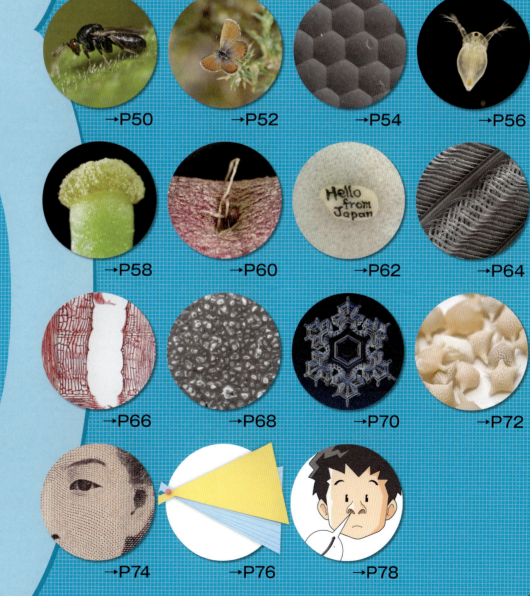

→P50　→P52　→P54　→P56

→P58　→P60　→P62　→P64

→P66　→P68　→P70　→P72

→P74　→P76　→P78

PART3 1mmの拡大

PART3　1mmの拡大

① 体長1mmの虫

成長しても体長が数ミリメートルほどの小さな虫には、非常に多くの種類があります。指とくらべると、その小ささが実感できます。

カキクダアザミウマ
体長 メス約2.9mm、オス約2.3mm

「アザミウマ」は、アザミウマ目の昆虫の総称。世界に約5000種が確認されている。日本では、そのうち約200種が見つかっている。

およそ1mmの虫とは？

オンシツコナジラミ　体長 0.8〜1.1mm

コナジラミ科はカメムシ目に属す昆虫の総称。「オンシツコナジラミ」は北米または中南米に分布する。

タカラダニ　体長 約1.2mm

全身があざやかな赤色。生態ははっきりわかっていないが、日本各地で見られ、家屋周辺や外壁などに多量発生して問題になっている。

チャタテムシ　体長 1.5〜10mm

「チャタテムシ」は、チャタテムシ目の昆虫の総称。小さな種が多く、体長10mmをこすものは少ない。

ニジュウヤホシテントウ　体長 6〜7mm

テントウムシ科の昆虫。北海道をのぞく日本各地のほか、中国大陸にも分布する。

ハダニ　体長 0.2〜0.5mm

「ハダニ」は、ハダニ科のダニの総称。農作物や果樹の葉のうらに寄生して汁をすう害虫として知られるものが多い。

コバチ　体長 0.2〜20mm

「コバチ」は、コバチ上科の昆虫の総称。ほかの昆虫や植物などに寄生する。体長は通常1〜3mmのものが多い。

アタマジラミ　体長 2〜3mm

ヒトジラミ科のシラミ。頭髪に寄生し、血をすう。卵をうみつけることでどんどんふえていく。

タバコシバンムシ　体長 2.5〜3mm

世界中に分布する。タバコのすいがらを放置したり、ペットフードなどを開封したまま放置したりすると大量に発生することがある。

ものしりコラム

アタマジラミ

アタマジラミは、人から人へ感染する。最近、学校や幼稚園などの集団生活の場でひろまっている。日本においては、発生の9割近くを0〜9歳の子どもがしめている。これは、子どもたちがよりそって遊んだり、ブラシや帽子などを共有したりすることが多いせいだと考えられている。不潔というイメージで受けとられ、いじめにつながるのではと心配されているが、日本ではアタマジラミが不衛生のために発生することはほとんどない。

PART3　1mmの拡大

PART3　1mmの拡大

②世界一小さい虫たち

一般にカブトムシといわれる昆虫のうち、世界一小さいものは、体長が十数ミリメートル！　それぞれの種類のなかでいちばん小さいものを見てみましょう。

世界で最も小さいカブトムシの一種

実物大

×10

チビクロマルカブト
体長 13〜15mm

角がなく、コガネムシのような見た目をしている。かつては「クロマルコガネ」とよばれていた。

カブトムシ　体長30〜55mm

本州、四国、九州、奄美大島、沖縄諸島に分布するカブトムシは、体長30〜55mm。オスは黒茶色で光沢があり、頭に2本の角をもつ（体長は角をのぞいた長さ）。

実物大

コビトシジミ

はねをひろげたときの長さ
12〜19mm

シジミチョウ科のチョウ。おもに北アメリカから中央アメリカに分布する。

世界で最も小さいチョウの一種

×5

※実物大の写真は、記載している体長のいちばん小さいサイズで掲載している。

×5

実物大

ハッチョウトンボ
体長 約18mm

オスは、成熟するとからだ全体が赤くなる。メスは、茶褐色で腹部に黄色や黒色の横しまがある。

世界で最も小さい **トンボの** 一種

PART3 1mmの拡大

×4

実物大

イワサキクサゼミ
体長 16～25mm

からだは黒色で、弱い光沢がある。サトウキビやススキなどのイネ科植物につく。

世界で最も小さい **セミの** 一種

ものしりコラム

虫とり網

小さな虫を採集するときは、網目のサイズが細かく、虫が網目のあいだからにげられないものをつかう必要がある。虫とり網がない場合は、市販されているナイロンネット、洗濯ネット、ストッキングなど、身近なものを材料にしてつくることができる。

PART3　1mmの拡大

③ 小さな虫のからだ

トンボの複眼やカの口など、虫のからだを拡大して見てみましょう。

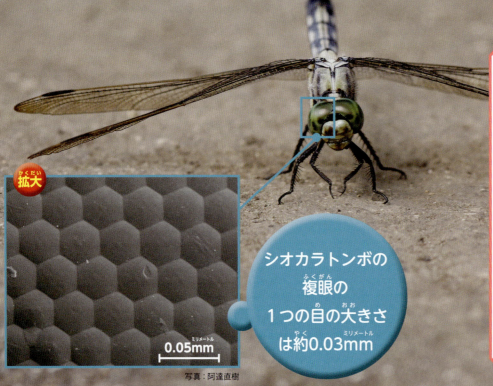

シオカラトンボの複眼の1つの目の大きさは約0.03mm

0.05mm

写真：阿達直樹

ものしりコラム

複眼

多数の目がハチの巣のように集まって構成されている目を複眼という。昆虫をはじめとする節足動物に多く見られる特徴で、ものの形や動きの識別をすることができる。昆虫の複眼にはすぐれた色覚があり、緑、青、紫外線をキャッチする能力が高い。複眼を構成する目の数は数個から2万個以上のものまである。

カが血をすうところの直径は約0.08mm

約0.14mm

写真：阿達直樹

アゲハチョウの卵
約1.2mm

アゲハチョウの幼虫
体長4〜18mm

アゲハチョウの成虫

幼虫をはこぶムネボソアリ
体長2.5〜3mm

2.5mm

1mm

写真：Nikon's Small World, Geir Drange

PART3 1mmの拡大

> もっと知りたい

アリの種類と大きさ

アリは日本では100種以上、全世界ではおよそ5000種以上が知られ、体長も約2mmの小さいものから、25mmに達する大型種まである。大部分は集団生活をし、1ぴきの女王アリと多くの働きアリで構成されている。巣は多くは地中に掘られ、たて横のトンネルとそのあいだにつくられる小さな部屋からなる。

PART3　1mmの拡大

④微生物の世界

「微生物」とは、細菌やウイルスなど、目に見えないくらい小さな生物のことです。ミジンコ、ゾウリムシやミドリムシなどの原生生物もふくまれます。

ミジンコ（オカメミジンコ）
体長（メス）1.2〜1.9mm
肉眼で見ることができる。小さな魚などのえさになる。

水のなか

●原生生物は水中や水分の多い土のなかにすむものが多い。陸上では、ほかの生物に寄生しているものがいる。また乾燥しているときは休眠していて、水分のあるときだけ活動するものもいる。

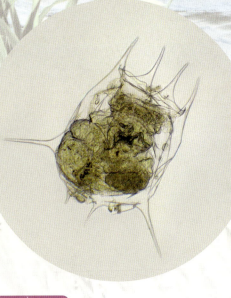

ワムシ
体長0.1〜0.3mm
からだの前の方についているせん毛をつかって泳ぐ。メスが多く、オスは非常にめずらしい。

写真：ZEISS Microscopy

ミドリムシ
体長0.06〜0.09mm
べん毛という長い毛を動かして光に向かって泳ぐ。ため池などに生息する。

もっと知りたい

「最強の生物」クマムシ

クマムシは、体長0.05〜1.7mmの、8本足をもった小さな生きもの。地球上の極地から熱帯、海中、高山まであらゆるところに生息する。高温や乾燥、真空状態、高い放射線など過酷な状況でも生きぬけるため、「最強の生物」といわれることがある。

写真：アフロ

サヤツナギ
群体の大きさ 0.06〜0.1mm
細長い細胞がつながって木の枝のような集まりをつくるのでこの名がついた。

クンショウモ
直径 約0.1mm
16個または32個の細胞が集まって1つの群体をつくっている。

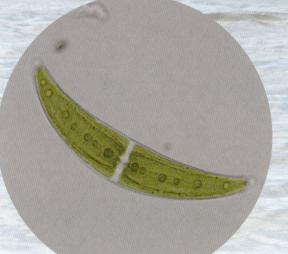

ミカヅキモ
体長 0.2〜0.4mm
三日月形をしているのでこの名前がついた。田んぼや池のなかなどに生息する。

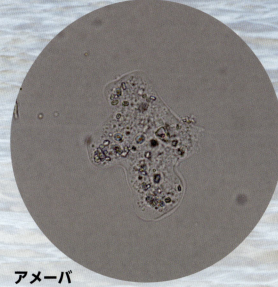

アメーバ
体長 0.025〜0.4mm
からだの形をかえながら移動する。細菌などを食べる。

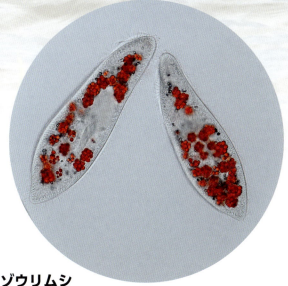

ゾウリムシ
体長 0.17〜0.29mm
表面にはえた数千本のせん毛を動かして水中を移動する。

ものしりコラム
微生物研究でノーベル賞

2015年、北里大学名誉教授の大村智さんがノーベル医学生理学賞を受賞。寄生虫による感染症の治療薬「イベルメクチン」の開発が、その受賞理由だ。大村さんは、土のなかにいる「放線菌」とよばれる微生物がつくりだす物質を長年研究してきたが、あるとき、静岡県のゴルフ場の土に、寄生虫の駆除に効果のある物質をつくる放線菌がいることを発見。この物質からイベルメクチンをつくることに成功した。イベルメクチンは、国際機関を通じてアフリカなどで配布され、10億人以上のいのちをすくったといわれている。大村さんは、ノーベル賞受賞が決まったとき「微生物の力を借りただけ」と、微生物の功績を強調し、話題となった。

PART3　1mmの拡大

5 植物の葉・めしべ・茎

ここでは植物のからだを拡大して見てみましょう。

Q 問題1

1〜5は、何の植物の葉？

1　一枚の葉の長さ 10〜40mm（実物大）
2　長さ 40〜80mm（実物大）
3　長さ 80〜140mm（実物大）
4　長さ 100〜150mm（実物大）
5　長さ 150〜250mm（実物大）

※実物大の写真は、記載している長さのいちばん小さいサイズで掲載している。

植物の葉には水分や養分が通る葉脈という細いすじがあり、植物によって太さが違う

Q 問題2

1〜4は、A〜Dのどの植物の葉脈？

1　5mm
2　1mm
3　5mm
4　5mm

写真：テクネックス工房（撮影：永田文男）

A　イネ
B　イチョウ
C　サクラ
D　オシロイバナ

→答えは95ページ

問題3

1～3は、A～Cのどの植物のめしべ？

> めしべは植物によって形や大きさがことなる

1　1mm

写真：オリンパス株式会社

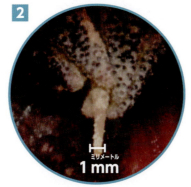
2　1mm

3　5mm

A　ナノハナ

B　ユリ

C　シクラメン

問題4

1～3は、A～Cのどの植物の茎の断面？

> 茎には維管束という管が通っている

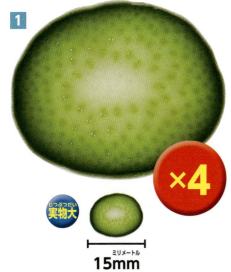
1　×4　実物大　15mm

2　×8　実物大　6mm

3　実物大　30mm

A　セロリ

B　アスパラ

C　イネ

→答えは95ページ

PART3　1mmの拡大

❻植物いろいろ拡大

虫めがねをつかって植物を拡大してみると、
ふしぎな世界が見えてきます。

サツマイモ ×8 1mm 写真：オリンパス株式会社

ゴーヤ ×8 1mm 写真：オリンパス株式会社

シメジ ×13 1mm 写真：オリンパス株式会社

植物の種

●種は植物の種類によって大きさがさまざまで、長さ1mmほどの小さな種もある。ぎゃくに、世界一大きい種とされるものは長さ30cm以上。形やもようもさまざまで、拡大することで、それらの違いが見えてくる。

ものしりコラム

タンポポの種

タンポポは、花が終わると、綿ぼうしになる。綿ぼうしは、1本ずつの綿毛がまとまったもので、綿毛を拡大して見ると、下部がふくらんでいる。それがタンポポの種。綿毛は風にのって飛んでいって、はなれた場所に種を落とす。タンポポはキク科の植物で、キク科には、ほかにも綿毛で種を飛ばす植物がある。

タンポポの種
長さ 約4mm
×3

実物大 約3mm
ホウセンカの種 ×6

ホウセンカの種は、長さ3〜4mmほど。実をさわるとはじけて、なかの種が飛びちる。

実物大 約13mm
ヒマワリの種 ×6

ヒマワリの種は長さ15mm前後。1輪のヒマワリに1000個以上の種がなることもある。

実物大 約1mm
イチゴの種 ×6

イチゴの表面のつぶつぶは、種ではなく果実。果実のなかに、さらに小さい長さ1mmほどの種が入っている。

実物大 約9mm
スイカの種 ×6

スイカの種は長さ8〜10mmほど。品種改良され種なしになったスイカもある。

ものしりコラム

1mm米つぶアート

お米ひとつぶの大きさは、だいたい5mmです。この米つぶをつかって作品をつくる人がいます。

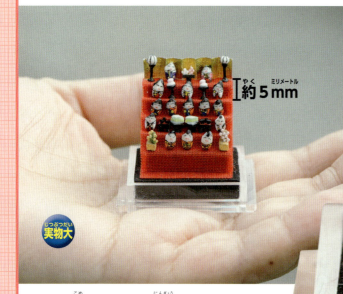

お米でつくったひな人形。
15人の人物をのせても、ひなだんの大きさは手のひらの半分以下。　写真：米粒工房

たかがひとつぶ、されどひとつぶ

●米つぶアーティストのあき乃さんは、米つぶに文字や絵をかく作品を制作している。必要に応じて拡大鏡を見ながら、筆ペンやアクリル絵の具をつかってえがく。ときには、ひとつぶに10字以上の文字をかくこともある。約5mmの大きさの米つぶにかきこむ作業は、高い集中力が必要。

米つぶアートを制作しているところ。
写真：米粒工房

英語がかかれた米つぶ。海外でも人気があるという。

写真：米粒工房

約5mm

ひとつぶひとつぶに葉のもようをえがき、秋の落ち葉を表現した作品。

写真：米粒工房

実物大
約5mm

遠目ではよく見えないが、拡大すると、細かなところまでえがきこまれているのがわかる。

写真：米粒工房

もっと知りたい

シャリがお米ひとつぶのおすし?!

浅草のとあるおすし屋さんでは、シャリがお米ひとつぶだけのおすしをつくっている。小さく切ったネタをお米の上にきれいにのせたり、1mmほどに切った細いのりを巻いたりするのは、まさに職人わざ。小さすぎて味はよくわからないというが、海外からやってきたお客さんにも大人気だという。

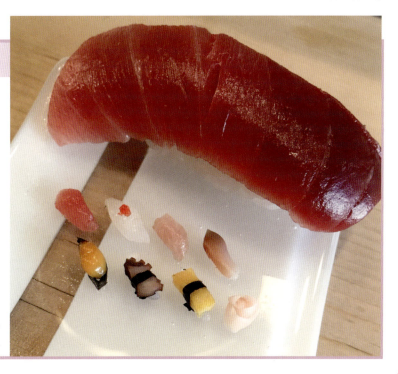

ふつうの大きさのおすしとくらべた写真。　写真：すし屋の野八

ものしりコラム

PART3　1mmの拡大

⑦はねの表面

「はね」は鳥のからだにはえている毛。
表皮が変形したものです。
拡大するとその構造が見えてきます。

約1mm

羽軸の直径が5mmのはねペン

ホロホロ鳥

約5mm

クジャク

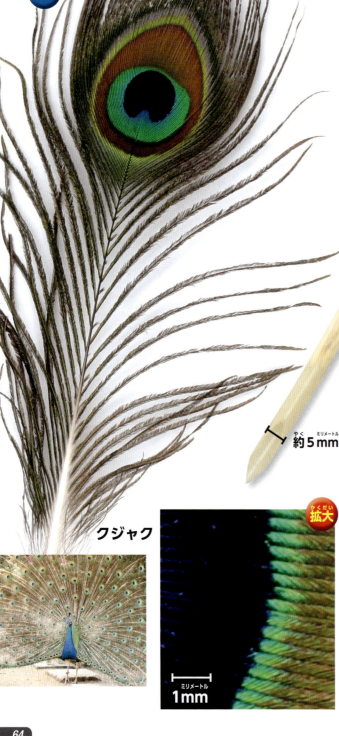

鳥のはね

● 1枚の鳥のはねのまんなかには、「羽軸」というかたい芯が通っている。羽軸は、軽量化のため、なかが空洞になっている。西洋では、大型の鳥の羽軸の先に切りこみを入れて、インクがしみこむようにし、ペンとして利用していた。

鳥のはねのひみつ

●下のはねの表面の写真は、ハトのはねを200倍に拡大して撮影したもの。はねは細かい毛からなりたっていて、毛の先端は枝分かれして重なりあっていることがわかる。この構造があるため、水をはじいたり、鳥の体温をたもったりすることができる。また、その右の写真は、ハトのはねの断面を100倍で撮影したもの。なかは、あわ状の構造になっている。これにより、はねを軽くするとともに、強度をたもっている。

はねの表面　写真：阿達直樹

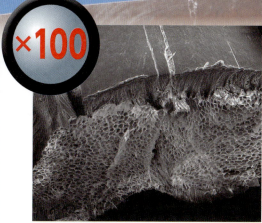
はねの断面　写真：阿達直樹

もっと知りたい

バドミントンのシャトルコック

シャトルコックは、ガチョウのはねを16枚組みあわせてつくられている。大きさや重さには、細かい規定がある。バドミントンのスマッシュの初速は400km/hをこえるが、はねがあることで急速に減速し、独特の飛び方をする。

ガチョウ。

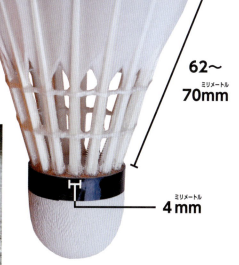

58〜68mm
約1mm
62〜70mm
4mm
25〜26mm

PART3 1mmの拡大

⑧木の表面

木の断面を拡大すると、年輪がどうやってできているのかが見えてきます。

モミの木の年輪

●年輪とは、樹木の幹や根の断面に見られる輪のこと。モミの木の幹の直径は、下の写真のもので80cmから1m。木の中心から同心円状に年輪が見える。

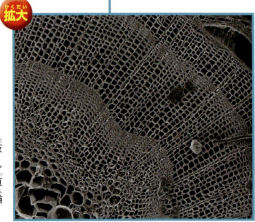

拡大

この写真はモミの木の枝の断面を顕微鏡で撮影したもの。木の幹同様、直径の小さな枝にも、年輪があることがわかる。

1mm

写真：阿達直樹

1年間で1つずつ輪がふえる年輪

ものしりコラム

年輪はなぜできる？

年輪を拡大すると、比較的大きい組織が集まっている部分と、小さい組織が集まっている部分が見える。大きい組織は春から夏にかけて、木が大きく成長したところで、小さい組織は秋に少しだけ成長したところ。小さい組織は数が多く密度が高いため、色がこく見える。輪のように見えるのはこの部分だ。木の種類や環境によって年輪のでき方はさまざまだが、1年間で1つの輪ができるので、年輪の数がその木の年齢ということになる。

ケヤキの木材

●右の大きな板は、ケヤキの幹を、右のイラストの──線のように、丸太の中心を通るようにして切った木材。表面を拡大して見ると、比較的大きい組織が集まっている部分Ⓐと小さい組織が集まっている部分Ⓑが、たてにならんでいる。Ⓐには水分や養分の通る大きな道管がある。木材の表面ではこの部分が大きくくぼんで見えるため、黒い筋となってあらわれる。

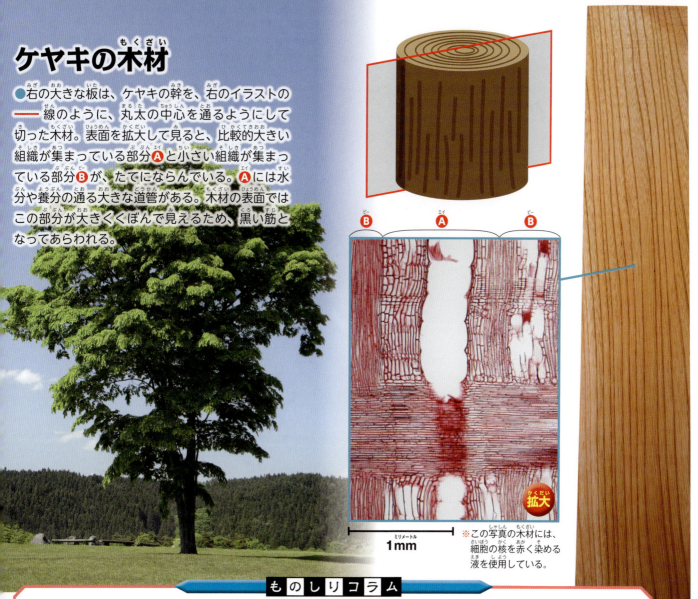

※この写真の木材には、細胞の核を赤く染める液を使用している。

ものしりコラム

いろいろな木材の表面

木材の表面は、木の種類によって違う。次の写真は、さまざまな木材の表面。

アカマツ　カキ　シラカンバ
スギ　ヒノキ　ヤマザクラ

PART3　1mmの拡大

9 つるつる ざらざら

手でふれると、ざらざら感じるもの、
つるつるしているものなど、いろいろ。
それぞれどうなっているのでしょうか。

道路の表面

●道路の舗装につかわれるアスファルトは、正確にはアスファルト混合物という。アスファルト混合物は、大きさ2.36mmのふるいにとどまる「粗骨材」、2.36mmのふるいを通過して0.075mmのふるいにとどまる「細骨材」、0.075mmのふるいを通過する「フィラー」の3種類のじゃりや砂がふくまれている。大きなつぶの割合が高くなるほど、道路の表面はざらざらし、すべりにくくなる。

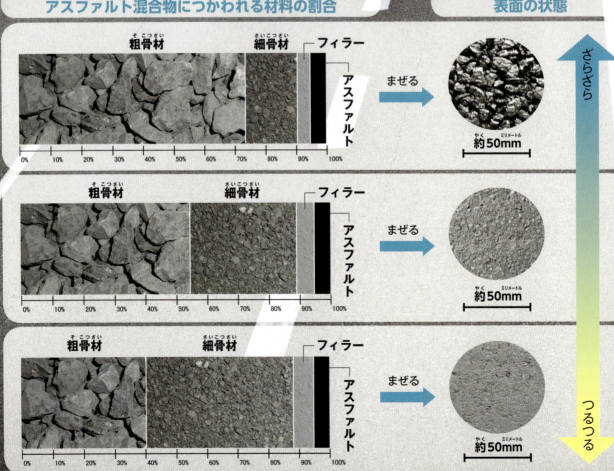

アスファルト混合物につかわれる材料の割合 ／ 表面の状態

約50mm

ざらざら　つるつる

一般社団法人　日本アスファルト協会ホームページより転載

陶器と磁器

●土を形成し高温で焼いた器を「やきもの」という。やきものは、粘土からつくられる陶器（左）と、陶石とよばれる石の粉と粘土をまぜあわせてつくられる磁器（右）の2つの種類に大きくわけられる。一般的に、陶器は粘土のなかに小さな空気のつぶをふくむので、ざらざらした手ざわりとなる。このため保温性は高いが、よごれは落としづらい。磁器はガラス質でつるつるした手ざわりとなる。保温性はひくいがよごれは落としやすい。日本料理では、料理にあわせて、陶器と磁器をつかいわけている。

ものしりコラム

大理石の研磨

建築物の床や壁などに用いられる大理石は、ざらざらの原石の表面を研磨したもの。大理石は一見かたい素材に見えるが、実際は極小の気泡をたくさんふくんでいて、石材としてはやわらかい部類に入る。表面は傷つきやすく、しょうゆなどをこぼすと一気になかにしみこみ、光沢は失われる。しかし、研磨することで、ふたたびつるつるになり、光沢が復活する。

大理石の原石（左）とその表面の拡大。

もっと知りたい

紙やすりの番手

「番手」とは、紙やすりのあらさをあらわした数字。番号が大きくなるほど表面の粒子が小さくなるため、細かくけずれる。番号の小さいものはさわってみるとざらざらしているが、番号が1000番近くなると、ざらざらというよりは、さらさらという感じがする。

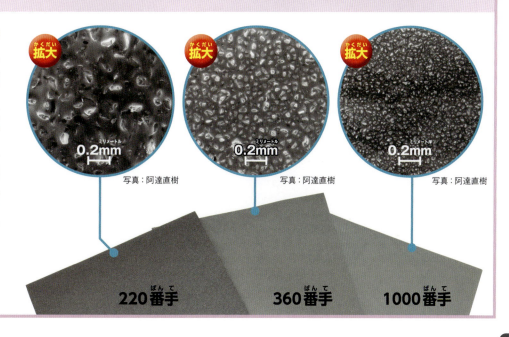

220番手　360番手　1000番手

写真：阿達直樹

PART3　1mmの拡大

10 氷の世界

雪は氷の結晶で、あられ、ひょうは「氷のつぶ」だとされています。結晶を拡大して見てみましょう。

雪の結晶

● 雪の結晶の形は、たいていは六角形。まれに十二角形や針状、つぶ状のものもある。大きさはさまざまだが一般的なもので約2mmとされる。雪片（雪の結晶がいくつか付着したもの）の大きさは、1mm以上であると国際的に統一されている。1mm未満のものは、霧雪とよぶ。

六角形

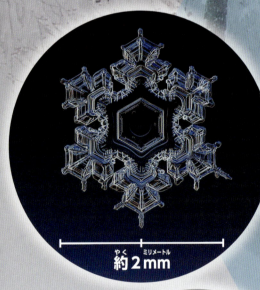
約2mm

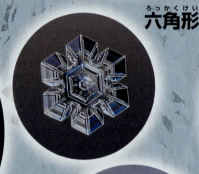

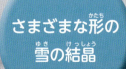
さまざまな形の雪の結晶

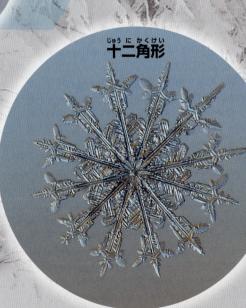
十二角形

あられとひょうの違い

●あられもひょうも、どちらも氷のつぶで、成分や発生する原理は同じ。しかし、つぶの直径が、5mm未満のものは「あられ」、5mm以上のものは「ひょう」と区別される。

あられ　5mm未満

ひょう

ものしりコラム

雨つぶの大きさの調べ方

身近な道具をつかって、雨つぶの大きさを調べることができる。やり方は次の通り。

●じゅんびするもの：・平らな皿（直径15cmほど）
・ふるい　・小麦粉　・ラップ

①ふるいで小麦粉をふるい、皿に1cmほどの厚さに入れる（入れおわったらラップでふたをする）。
②雨のふっている屋外で皿のふたをはずし、小麦粉を5秒ほど雨にさらす。
③屋内にもどり、小麦粉をふたたびふるいでふるう。すると、かたまった小麦粉がふるいにのこる。これが雨つぶの大きさである。

ヨーロッパで観測された直径約3cmのひょう

巨大なひょう

●ひょうは、ときに巨大化し、大きな被害をもたらすことがある。1917年には、埼玉県熊谷市で直径29.5cm、重さ約3400gのかぼちゃ大のひょうがふったという記録が残っている（写真はイメージ）。

PART3　1mmの拡大

⑪ 砂や鉱物の世界

自然界にある砂や鉱物を拡大してみましょう。
1mmの美しい世界が見えてきます。

星の砂

〇「星の砂」とは、有孔虫という生物のからが海岸に堆積したもの。サンゴ礁がひろがる地域にあり、日本では沖縄県の西表島、竹富島などで見られる。大きさは約1mmほど。

約1mm

写真：OCVB

いろいろな鉱物

●「鉱物」とは、地殻からとれる天然の無機物のことをいい、美しい結晶の形をしたものが多くある。ミリ単位の大きさのものが多いが、まれに巨大なものが見つかることもある。

灰チタン石
結晶の形は、立方体か八面体。地球の地下深くにある「マントル」を構成する鉱物の1つ。

辰砂
赤色をおびた鉱物。中国の辰州（現在の湖南省）でよく産出されたためこの名前がついた。

頑火輝石
結晶は柱状や針状で、色は灰色か緑色もしくは黄色。マントルを構成する鉱物の1つ。

ブロシャン銅鉱
針状もしくは柱状の鉱物で、色はエメラルドグリーンか深い緑色。

イットリウムヒンガン石
ガラスのようにすきとおった鉱物。1980年代に中国で発見された。

鉱物の表面にズームアップ！

トムソン沸石
「沸石」とは、過熱すると水を放出する性質をもつ鉱物のこと。板状や針状の結晶が丸く集まってできている。

角銀鉱
塩化銀という物質からなる鉱物。角状の立体で、本来は透明か灰色。光にさらされると色が暗くなる。

自然金
天然の状態で産出された金のことを「自然金」とよぶ。古代から装飾品や通貨として利用されてきた。

砒銅ウラン石
緑色の板状の結晶の鉱物。放射線を発するウランという鉱物の一種。

PART3　1mmの拡大

73ページ写真：浜根大輔

PART3　1mmの拡大

⑫ お札と印刷

日本のお札を拡大すると、非常にすぐれた技術が見えてきます。

お札を拡大して見ると……

●線に見えるもようは、「NIPPONGINKO」という文字列！　これは、偽造防止のためのもの。高度な印刷技術によってつくられている。

一万円札

線を拡大すると「NIPPONGINKO」という文字であることがわかる。

髪の毛のはえぎわ。一本一本までかかれている。

一万円札の拡大

ものしりコラム

お札のすかし

お札には、光にあてると絵柄がうかびあがる「すかし」という技術もつかわれている。中央の円のなかのすかしがよく知られているが、そのほかの場所にもある。この技術は、福井県の越前和紙の「黒すかし」という技術をもとにしている。

五千円札

「NIPPONGINKO」という文字の色が変化しながらならんでいる。

細かい葉の葉脈もえがいている。

千円札

サクラのなかに二、ホ、ンの文字がかくれている。

偽造をふせぐため、複雑な幾何学模様がえがかれている。

ひとみは、円をえがくようにして表現されている。

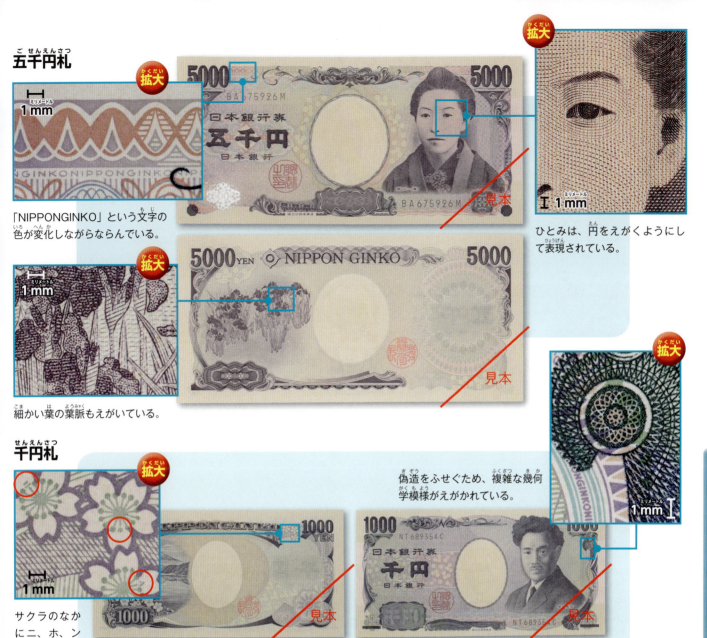

ものしりコラム

網点

印刷物をルーペで拡大して見ると、写真や文字は、小さな点（ドット）でなりたっていることがわかる。ドットの色は、青、赤、黄、黒の4色。この4色のドットを重ねることで、さまざまな色を再現する。

つくってみよう！

小さい違いを拡大器

1mmや2mmといった小さい違いは、目で見たときにはわかりにくい。ここに紹介するのは、そんな小さい違いを、大きく拡大してわかりやすく見せるための道具。著者がこの本のために開発したものだよ。

じゅんびするもの
- 厚紙（なるべくかたいもの）またはプラスチック製の下じき
- カッター
- 定規
- えんぴつ
- 画びょう
- 消しゴムのかけら

❶ 下の図をコピーして型紙をつくる。それをつかって、厚紙または下じきを2枚切りだす。

❷ 図のように横にして、とがっているところの先端Ⓐと、右の辺の半分の長さのところⒷをつなぐ線を引く。Ⓐから15mmのところⒸにしるしをつける。

Ⓐ 15mm Ⓒ　150mm Ⓑ

つくり方のコツ
- 上側のとがっているところは、きちんと切りだす。厚紙がやわらかい場合は、そこだけ木工用ボンドをぬるなどして補強するとよい。
- それぞれに違う色の画用紙をはりつけると、はかるときにわかりやすい。

❸2枚を背中合わせにぴったりかさねて、❷でしるしをつけたところ**C**に画びょうをさす。

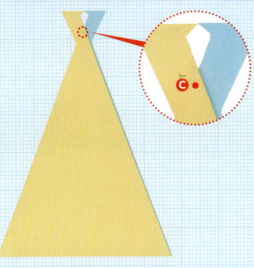

❹画びょうの針が飛びだしているとあぶないので、消しゴムのかけらをかぶせておく。

画びょうをさしこみすぎないように注意する。

❺上側を1mm開き、写真のようにずれた分のところに線を引く。同じように2mm、3mmと、少しずつ上側を開いて線を引いていく。

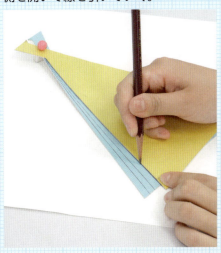 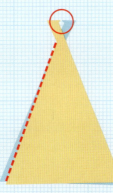 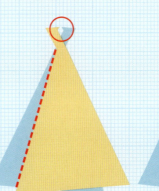 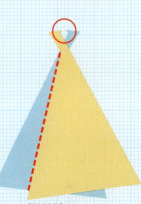

1mm開いたとき　　3mm開いたとき　　5mm開いたとき

つかい方
右のように、とがっているところでものをはさんでつかう。上側が少ししか開かなくても、下側は大きく開く。下側を見れば、少しの違いでも大きくかわるので、違いがわかりやすくなる。

開き具合がこんなにかわった！

 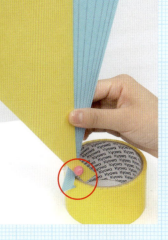

つくってみよう！

ものしりコラム

スギ花粉の大きさは？

スギ花粉は直径約30μmです（1μmは1mmの1000分の1）。
この本のPART 4では、1mmの1000分の1、
100万分の1といった世界をのぞいてみます。
そのためにまず、その世界の単位をみてみましょう。

※このページは、『目でみる単位の図鑑』東京書籍より一部改編し転載。

1mmを基準にしたのではあらわしきれない、小さいものをあらわすときには、マイクロメートル（μm）、ナノメートル（nm）などの言葉をつかいます。

小さな数をあらわす接頭語

記号	読み方	日本語	十進法表記
d	デシ	10分の1	0.1
c	センチ	100分の1	0.01
m	ミリ	1000分の1	0.001
μ	マイクロ	100万分の1	0.000001
n	ナノ	10億分の1	0.000000001

1μm＝1000nm
＝1mの100万分の1
＝1mmの1000分の1

鼻毛の直径はおよそ180μm、スギ花粉の直径はさらに小さい30μmほど。重さは約12ng（1gの約1億分の1）。

←180μm→　←30μm→

デシ（d）は、ラテン語の10番目（decimus）という言葉が語源。センチ（c）とミリ（m）は、ラテン語の100（centum）、1000（mille）がもととなっている。マイクロ（μ）はギリシャ語で「微小」（mikros）、ナノ（n）はラテン語で「小人」（nano）という言葉からきている。

クモの巣の糸の直径は5μm（1mmの1000分の5）。ひじょうに細いが、独特の強さがあり、引っぱってもなかなか切れない。えものをとらえてもはなさない、というわけだ。

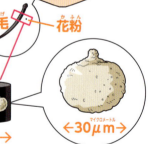

マイクロは、「マイクロバス」「マイクロチップ」のように、とても小さいことをあらわすときにもつかわれる。

インフルエンザウイルスの直径は約100nm（1mmの1万分の1）。このような微小な粒子を通さないように、医療用マスクの目の細かさは、100nmよりもさらに小さくなっている。

PART4 マイクロ・ナノの世界

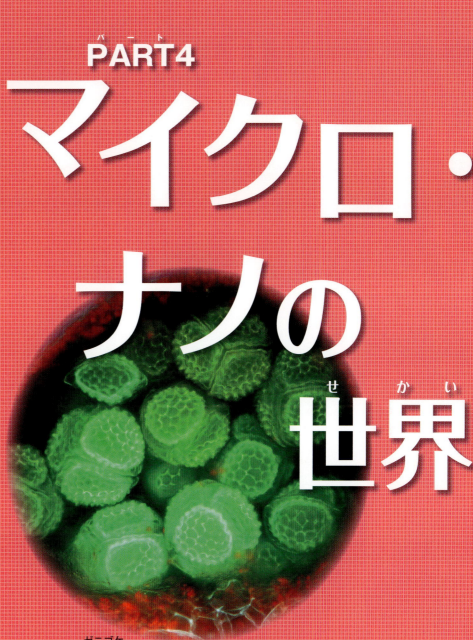

ゼニゴケ。
写真：Nikon's Small World, Magdalena Turzańska

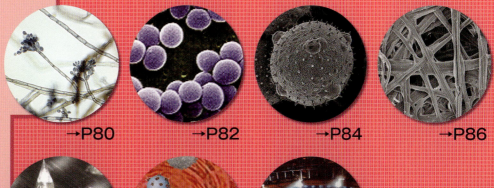

→P80　　→P82　　→P84　　→P86

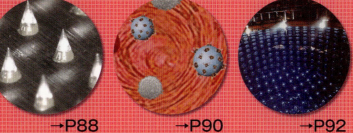

→P88　　→P90　　→P92

PART4 マイクロ・ナノの世界

①カビの大きさ

「カビ」はきのこと同じ真菌類とよばれる生きものです。食べものをくさらせたり、アレルギーの原因となったりする悪いカビもあれば、みそや酒をつくるよいカビもあります。

人間にとって害となるカビ

●カビは病気やアレルギーの原因となる。また、食品に発生すると、毒をつくって、それを食べた人に中毒やがんを引きおこすこともある。

アオカビ
湿気のある場所で、パン、もち、野菜、果物などによくはえる。

4〜8μm（マイクロメートル）

写真：神奈川県衛生研究所

クロカビ
浴室や台所など、湿気の多い場所で発生。アレルギーの原因となることもある。

4〜8μm（マイクロメートル）

写真：CDC/Dr. Libero Ajello

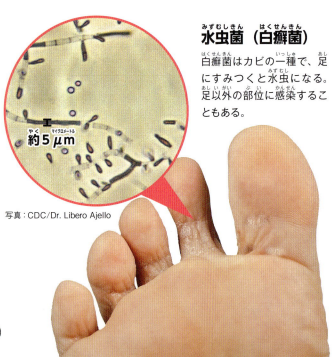

水虫菌（白癬菌）
白癬菌はカビの一種で、足にすみつくと水虫になる。足以外の部位に感染することもある。

約5μm（マイクロメートル）

写真：CDC/Dr. Libero Ajello

植物の病原菌となるカビ

植物に害をあたえるほか、人のアレルギー性鼻炎やぜんそくの原因ともなる。湿気の多い場所で発生する。

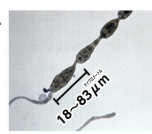

18〜83μm（マイクロメートル）

写真：CDC/Dr. Lucille K. Georg

ものしりコラム

カビがふえるとダニもふえる

アレルギーを引きおこす原因（アレルゲン）の1つに、ダニがある。ダニはカビをえさとしているため、カビがふえるとダニもふえてしまうおそれがある。

人間にとって役立つカビ

●カビは、害となる一方で、食品や調味料、薬をつくるのにも利用されてきた。

ニホンコウジカビ
「麹菌」ともよばれる。日本人の食生活に欠かせないカビで、2006年には日本の「国菌」に認定された。

写真：神奈川県衛生研究所

カワキコウジカビ
かつおぶしづくりの最終工程「カビつけ」に用いられる。カビつけによって水分をぬくとともに、うま味をつくりだす。

写真：神奈川県衛生研究所

みそ　しょうゆ　日本酒　かつおぶし　チーズ

カビの力でつくられる食品

チーズのカビ
チーズを熟成させるのに用いられる。写真は、「ゴルゴンゾーラ」というチーズをつくるときにつかわれるアオカビの一種。

写真：神奈川県衛生研究所

ものしりコラム

カビから薬

1928年、イギリスの細菌学者アレクサンダー・フレミングが、実験のために黄色ブドウ球菌（→p82）を培養していたところ、アオカビがはえているのを見つけた。フレミングはこれを捨てようとしたが、よく見ると、そのカビのまわりだけ、黄色ブドウ球菌が消えている。これを調べた結果、アオカビから、細菌の発育をおさえる物質が出ていることを発見。こうして、世界初の抗生物質（細菌の発育をおさえる薬）である「ペニシリン」が誕生した。

フレミングはペニシリンを発見したものの、実用化することはできなかった。しかし発見から10年以上のち、イギリスのハワード・フローリーとエルンスト・ボリス・チェインという研究者が、ペニシリンの大量生産に成功。これによって、多くの感染症の患者がすくわれた。

フレミング、フローリー、チェインの3名は、この功績をたたえられ、ノーベル医学生理学賞を受賞した。

PART4 マイクロ・ナノの世界

② いろいろな病原菌・ウイルス

「病原菌」とは病気の原因となる細菌（病菌）のことです。
ここでは、一般によく聞かれる病原菌を見てみましょう。
また、細菌とよくまちがわれる「ウイルス」についても見てみます。

病原菌
●病原菌は、細胞をもっていて分裂して増殖する。
毒を出すため、人の体内に入ると害をあたえる。

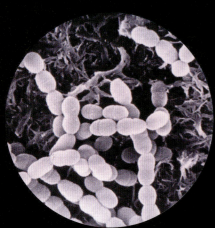

写真：(公財) ライオン歯科衛生研究所

ミュータンス菌
大きさ 約1μm
虫歯の原因となる病原菌。食器や口移しで親から赤ちゃんに感染する。

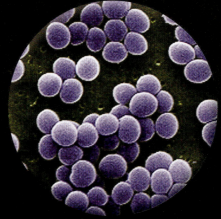

写真：CDC/ Matthew J. Arduino, DRPH

黄色ブドウ球菌
大きさ 約1μm
人の鼻や皮ふなどにいる病原菌。通常は無害だが、傷口に入りこむと化膿させる。また、菌に汚染されたものを食べると食中毒を引きおこす。

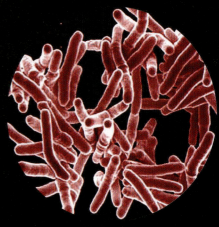

写真：NIAID

結核菌
長さ 1～4μm
世界で2番目に死者の多い病気、結核を引きおこす病原菌。

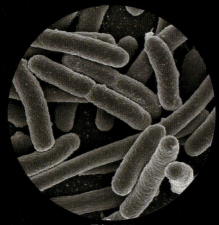

写真：NIAID

大腸菌
長さ 2～4μm
人やそのほかのほ乳類の大腸内に生息する。ほとんどは無害だが、腹痛や発熱などを引きおこす病原性大腸菌もある。

写真：CDC/ Dr. Patricia Fields, Dr. Collette Fitzgerald

カンピロバクター
長さ 0.5～5μm
食中毒の原因となる病原菌。生、またはあまり加熱されていないとり肉などを食べることによって感染することが多い。

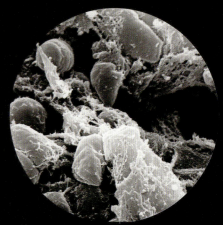

写真：NIAID; Rocky Mountain Laboratories; NIH

ペスト菌
長さ 約2μm
ペストを引きおこす病原菌。ペストは人類の歴史上何度も流行し、とくにヨーロッパで非常に多くの死者を出した。

もっと知りたい
細菌とウイルスの違い

細菌は、栄養と水があるなど、一定の条件がそろえば自己増殖できる。大きさは通常マイクロメートルであらわされ、光学顕微鏡で見ることができる。
一方ウイルスは、自分自身で増殖する能力はなく、ほかの生きものの細胞のなかでしか増殖できない。大きさは細菌よりも小さく、ナノメートルであらわされ、電子顕微鏡でしか見ることができない。

一般的な細胞、細菌、ウイルスの大きさ

| ヒト細胞 | 細菌 | ウイルス |

1mm ← 100μm ← 10μm ← 1μm ← 100nm ← 10nm
大きい → 小さい

ウイルス

●ウイルスは、細胞がなく単独では増殖ができない。人の細胞のなかに入って増殖し、人に害をあたえる。

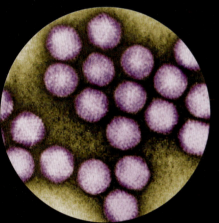

写真：CDC/ Dr. G. William Gary, Jr.　　写真：CDC/ Charles D. Humphrey, PhD　　写真：CDC/ Dr. Erskine L. Palmer

アデノウイルス
大きさ 90～100nm

風邪の原因となるウイルスの1つ。風邪のほか、肺炎や胃腸炎などを引きおこすこともある。

ノロウイルス
大きさ 約30nm

胃腸炎や食中毒を引きおこすウイルス。生の二枚貝（カキなど）を食べて感染することが多い。

ロタウイルス
大きさ 約100nm

胃腸炎を引きおこすウイルス。感染力が強く、0～6歳ごろにかかりやすい。

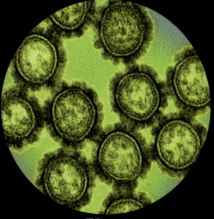
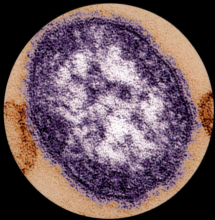
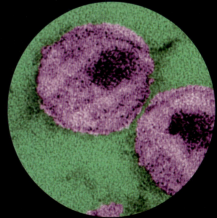

写真：NIAID　　写真：CDC/ Cynthia S. Goldsmith; William Bellini, Ph.D.　　写真：CDC/ A. Harrison; Dr. P. Feorino

インフルエンザウイルス
大きさ 約100nm

インフルエンザの原因となるウイルス。A型、B型、C型に大きく分類される。

麻しんウイルス
大きさ 100～250nm

麻しん（はしか）の原因となるウイルス。感染力は非常に強いといわれている。

ヒト免疫不全ウイルス（HIV）
大きさ 約100nm

人の免疫細胞をこわすウイルス。その結果、健康であればなんともないはずの細菌やウイルスに感染しやすくなる（後天性免疫不全症候群／AIDS）。

PART4 マイクロ・ナノの世界

PART4 マイクロ・ナノの世界

③ 大気中の微粒子

大気中には、目に見えないごく小さなものがいろいろ飛んでいます。自然のものもあれば、人工的なものもあります。

いろいろな花粉

●花粉は、花のおしべでつくられるつぶ。植物によって大きさや形はさまざまだが、風や虫によってはこばれて、めしべに受粉することで種がつくられる。人に花粉症をもたらす花粉は、風ではこばれるもので、約60種類が知られている。

花粉の顕微鏡写真：阿達直樹

アサガオ
昆虫のからだにくっつきやすいように、とげとげした形をしている。

カボチャ
アサガオと同じようなとげがある。

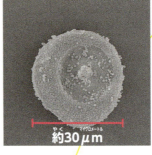
スギ
風で飛散し、花粉症をもたらす花粉の代表的なもの。数百キロメートルも飛散するともいわれる。

ソメイヨシノ
ソメイヨシノは、別の木の花粉でしか受粉しないという性質をもつ。

イネ
スギ同様、風で飛散し、花粉症をもたらす。

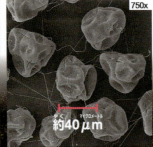
ツツジ
虫にまとわりつくために、花粉同士が粘着性のある糸でつながっている。

アサガオの花粉

スギ ソメイヨシノ イネの花粉

1mm

この円の直径が1mmだとすると、花粉やPM2.5の小ささがよくわかるはず

PM2.5

● PM2.5は、工場や自動車の排気ガスなどにふくまれる、直径が2.5μm以下のつぶ状の物質のこと。呼吸器系の奥深くまで入りこみやすく、人の健康に影響をおよぼすと考えられている。

PM2.5は、経済発展がいちじるしいものの、環境対策がおくれている中国で問題になっており、風向きによって、日本にも到達する。

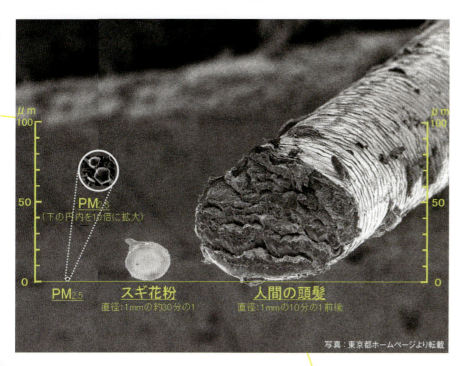

PM2.5（下の円内を10倍に拡大）　スギ花粉 直径：1mmの約30分の1　人間の頭髪 直径：1mmの10分の1前後

写真：東京都ホームページより転載

もっと知りたい
黄砂

黄砂は、中国の砂漠地帯などで砂や鉱物の粒子が風によって数千メートルの高さに巻きあげられ、飛散する現象。日本に飛んでくる黄砂のつぶの大きさは、4μmくらいのものが多いといわれている。

黄砂が飛来し、黄色くかすんだ景色。

もっと知りたい
マスクの性能

花粉や細菌が体内に入るのを防ぐマスクには、不織布という布がつかわれている。ふつうの布は繊維を織ってつくるが、不織布は繊維をからみあわせ接着している。マスクは、花粉対策用（30μm以上の粒子をカット）、バクテリア対策用（同約3μm）、ウイルス対策用（同約1.7μm）、微粒子対策用（同約0.1μm）などがある。細かい粒子を通さないものほど、装着すると息苦しさを感じる。

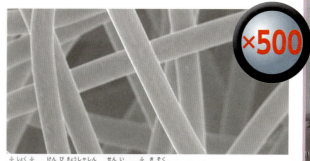

×500

不織布の顕微鏡写真。繊維が不規則にならぶ。

2013年1月、中国の首都北京のようす。大気汚染が原因で、景色がかすんで見える。

PART4 マイクロ・ナノの世界

PART4 マイクロ・ナノの世界

④ 紙と布の構造

紙は、和紙と洋紙とで、繊維のようすが違います。
布には、天然繊維と合成繊維があります。

Q 問題

1と2は紙を拡大して見たもの。
どっちが、和紙？

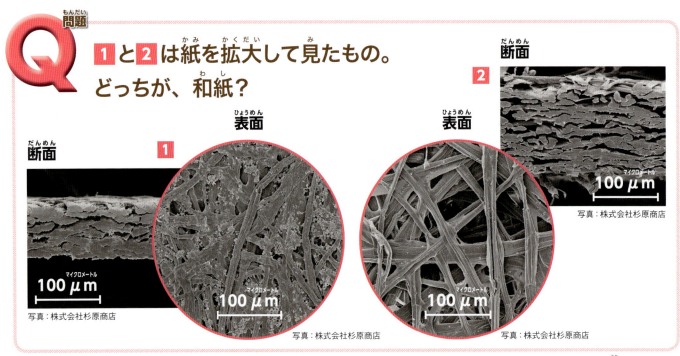

断面 / 表面 1　　表面 / 断面 2

100μm　写真：株式会社杉原商店
100μm　写真：株式会社杉原商店
100μm　写真：株式会社杉原商店
100μm　写真：株式会社杉原商店

→答えは95ページ

ティッシュペーパーとトイレットペーパー

● ティッシュペーパーもトイレットペーパーも、木材パルプや古紙などを原料としている。ただし、ティッシュペーパーは、水にぬれてもとけないように、繊維と繊維を結合する樹脂を加えてやぶれにくくしてある。

ティッシュペーパーの表面 ×350

写真：阿達直樹

トイレットペーパーの表面 ×350

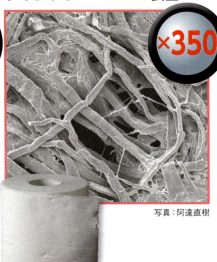

写真：阿達直樹

もっと知りたい

ふせん

ふせんは、何度もはったりはがしたりできるよう、紙の表面にうすいのりをぬってある。

ふせんの接着面

写真：ZEISS Microscopy

86

衣類

● コットンとウールは自然のものからつくられた「天然繊維」、ナイロン、EVA樹脂、ポリエステルは人工的につくられた「合成繊維」。拡大すると、衣類につかわれている繊維でも、それぞれの構造はまったくことなることがわかる。

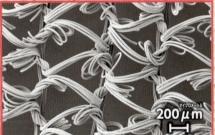

ナイロン
石油からつくられる合成繊維。弾力性と強度があり、ストッキングやウインドブレーカーなどのほか、つり糸などにもつかわれる。

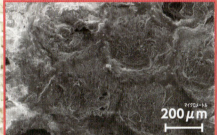

EVA樹脂（合成樹脂）
合成樹脂とは、プラスチックのこと。EVA樹脂は合成樹脂の1つで、サンダルの底、お風呂のマットなどにもつかわれる。

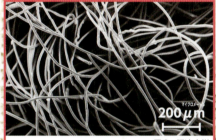

ポリエステル
石油からつくられる合成繊維。しわになりづらく、かわきやすい。フリースのほか、制服などにもつかわれる。

コットン
綿の種子からとれる繊維で、木綿ともいう。吸水性が高く、タオルやTシャツ、下着など、さまざまな衣類でつかわれる。

ウール
ヒツジの毛でできた繊維。保温性が高いため、セーターやコートなど、冬に着る衣類によくつかわれる。

もっと知りたい

面ファスナー（マジックテープ）

面ファスナーは、「マジックテープ」という商品名でよく知られるとめ具。何度でもはったりはがしたりできる。顕微鏡でのぞくと、カギ状のフックが飛びでていることがわかる（上）。このフックが、丸い「ループ」（下）に引っかかることで接着する。

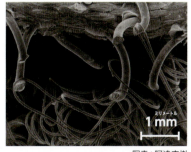

※製品の写真はイメージ。顕微鏡写真で撮影した製品とはことなる。

PART4 マイクロ・ナノの世界

PART4 マイクロ・ナノの世界

⑤極小の製品

技術の発達で、肉眼では見えないほど小さな構造をもつ製品がつくれるようになりました。
これらは、身のまわりの製品にも組みこまれています。

マイクロマシン

● 1mmの1000分の1の世界で活躍する機械を「マイクロマシン」という。「マイクロマシン」は和製英語で、ヨーロッパやアメリカではMEMS（Micro Electro Mechanical Systemの略）や、マイクロシステムという。マイクロマシンは機械のなかに入っていて、外からは見えないが、身のまわりのさまざまな製品のなかに組みこまれ、重要な働きをしている。

エアバッグ

衝撃を感知するとエアバッグが開く エアバッグには、MEMSを利用した「加速度センサー」が組みこまれている。センサーは車体の前・中・後方に複数とりつけられている。

MEMSが組みこまれている製品

拡大

 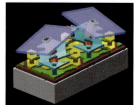

写真：テキサス・インスツルメンツ

プロジェクタ

「マイクロミラー」という、小さな鏡のMEMSが何十万個もしきつめられている。この鏡を1つずつ動かすことで、明るさを調整している。右上の写真の中央に見えるのはアリの足。

もっと知りたい

カプセル内視鏡

飲みこんだ人の体内の画像を撮影する装置。超小型のカメラや自動調光機能など、高度なMEMS技術が多数用いられている。

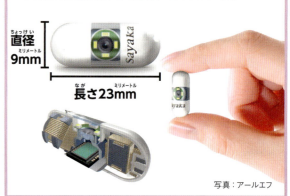

直径 9mm
長さ 23mm

写真：アールエフ

写真：BOSCH

極小の構造を利用した製品

●肉眼では見えない小さな構造を利用した製品がつくられている。

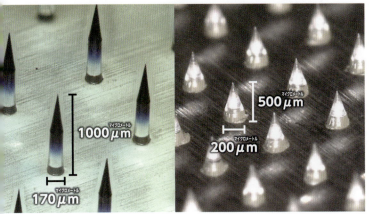
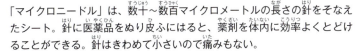

写真：富士フイルム（株）

マイクロニードル

「マイクロニードル」は、数十～数百マイクロメートルの長さの針をそなえたシート。針に医薬品をぬり皮ふにはると、薬剤を体内に効率よくとどけることができる。針はきわめて小さいので痛みもない。

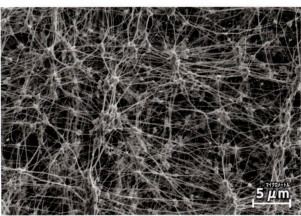

写真：Nitto

フィルター

1mm²あたり数億個というあながあいている。空気は通し、水やほこりの侵入をふせぐ。掃除機や空気清浄機などにつかわれている。

極小化する機械

●43ページで見た極小ねじや極小ばねは、機械でけずりだしたもの。現在では、光やレーザーをつかうことで、さらに小さい、目に見えない大きさのものをつくりだすことができるようになっている。

直径14μmのマイクロタービン

写真：東京大学 計数工学科,先端科学技術研究センター 生田幸士

もっと知りたい

マイクロ光造形法

「マイクロ光造形法」とは、レーザーの光をつかって液体状態のプラスチックをかためながら立体的な形をつくる技術のこと。固体のプラスチックをけずるのではなく、液体のプラスチックをかためることで、ミクロサイズのものをつくりだす。

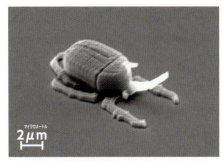
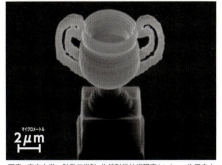

写真：東京大学 計数工学科,先端科学技術研究センター 生田幸士

マイクロ光造形法でつくった模型。

PART4 マイクロ・ナノの世界

❻ナノテクノロジー

ナノは1mmの100万分の1の大きさです。科学の進歩によって、人類は、ナノの世界で、ものを見るようになりました。

ナノテクノロジーとは？

●ナノテクノロジーとは、物質の基本となるきわめて小さな原子や分子をあやつり、小さなものを組みたてていく技術のこと。原子や分子をならびかえることで、新しい物質をつくることができるという。

大きさ約0.1nmのシリコンの原子。野球場の大きさを1mmとすると、そのなかの砂つぶほどの大きさとなる

写真：大阪大学名誉教授　森田清三

もっと知りたい

ナノサイズのウサギ

右の写真は、特殊な顕微鏡をつかって原子を操作することでえがかれたウサギの絵。原子や分子（原子が複数組みあわさってできるかたまり）を観察できる顕微鏡がつくられた1981年から、技術はどんどん進歩し、このようにナノの世界で絵をかいたりすることもできるようになった。しかし、ナノの研究はまだまだ進歩のとちゅうだといわれている。

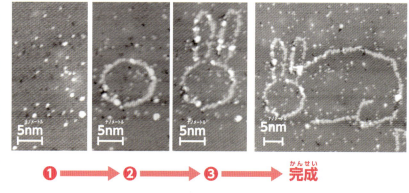

❶ → ❷ → ❸ → 完成

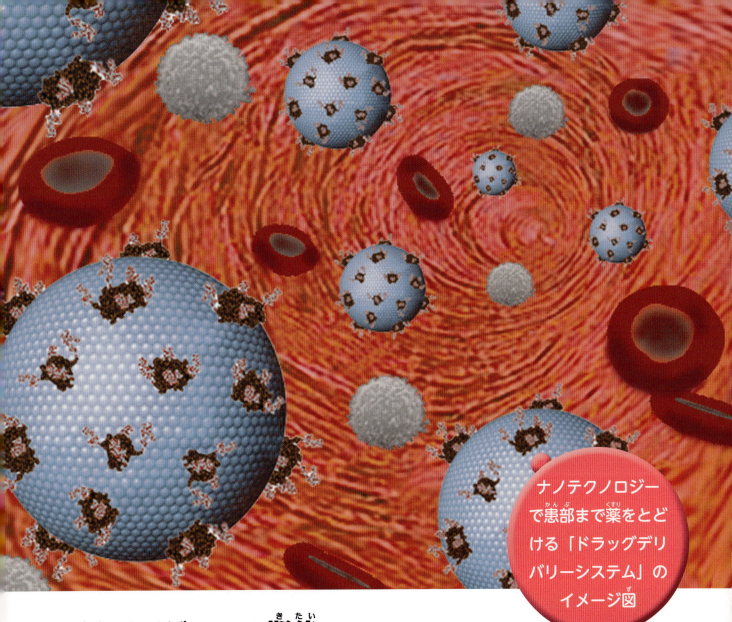

ナノテクノロジーで患部まで薬をとどける「ドラッグデリバリーシステム」のイメージ図

ナノテクノロジーへの期待

● ナノテクノロジーを応用すれば、次のようなことが実現すると考えられている。

▶ 手のひらサイズの図書館ができる：極小のメモリをつくれるようになり、コンピューターが小型化。図書館にある本の情報が、角砂糖1個分の大きさにおさめられる。

▶ エネルギー問題を解決：燃料電池にナノサイズの部品をつかうことで、電力効率をあげることができる。

▶ 分子で薬を患部にはこぶ：薬をつつみこむ分子をつくることで、確実に患部まで薬をとどけられるようになる。

ものしりコラム

カーボンナノチューブ

「カーボンナノチューブ」は、ナノテクノロジーでつくられる代表的な物質の1つ。直径は数ナノメートルと、きわめて細いが、鋼鉄よりも強く、銅線よりも電気をよく通し、アルミニウムよりも軽いという3つの特徴があるといわれている。今後、さまざまな分野で応用ができると期待されている。

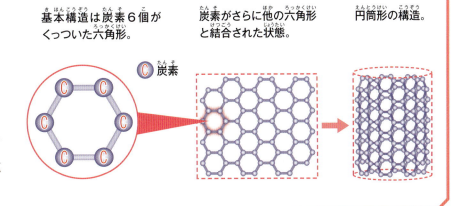

基本構造は炭素6個がくっついた六角形。　炭素がさらに他の六角形と結合された状態。　円筒形の構造。

PART4　マイクロ・ナノの世界

ものしりコラム

SF映画『ミクロの決死圏』が現実になる?

1966年につくられたSF映画に、『ミクロの決死圏』という作品があります。この映画をつくる際、監督やスタッフは、将来の医療や科学技術の進歩を予想して制作にあたったといわれています。

『ミクロの決死圏』は、手術が不可能な病気を治療するため、医療チームを乗せた潜水艇をミクロサイズに縮小し、体内に送りこむというもの。医療チームは、体内の異物に対する白血球の攻撃を受けながら、病気を治療し、最後はなみだとともに体の外に出る。

カプセル内視鏡(→P88)の実現は、まるで『ミクロの決死圏』の世界のようだといわれている。

『ミクロの決死圏』の潜水艇。 写真:公益社団法人 川喜多記念映画財団

ものしりコラム

極小のニュートリノの観測

「ニュートリノ」とは、宇宙から飛んでくる素粒子です。大きさは1000兆分の1mmときわめて小さく、観測不能の物質だといわれていました。しかし、日本人物理学者の活躍で、少しずつなぞの解明が進んでいます。

ニュートリノがはじめて見つかったのは1956年のこと。アメリカで原子炉から出てきたものを観測することに成功した。しかし、あまりにも小さいためいかなる物質も通りぬけてしまい、その全容はなぞにつつまれていた。1987年、物理学者の小柴昌俊さんが、自身で設計した観測装置カミオカンデで、ニュートリノの検出に世界ではじめて成功。この功績で2002年にノーベル賞を受賞した。また、1998年に物理学者の梶田隆章さんが、ニュートリノに質量があることを発見。2015年にノーベル物理学賞を授賞した。ニュートリノは、宇宙誕生のなぞを探る手がかりになるともいわれる物質。日本人物理学者の今後の活躍が世界から期待されている。

写真:東京大学宇宙線研究所神岡宇宙素粒子研究施設

カミオカンデの内部。タンクに300トンの水をため、光電子倍増管で観測する。現在は1996年に新しくつくられたスーパーカミオカンデで観測がおこなわれている。

さくいん

あ行

アイライン	21
アオカビ	80
アカマツ	67
アゲハチョウ	55
アサガオ	84
アスファルト	68
アタマジラミ	51
アデノウイルス	83
あぶみ骨	29
雨つぶ	71
網点	75
アメーバ	57
あられ	70,71
アリ	55
アリストテレス	15
アルパカ	31
アレクサンダー・フレミング	81
アンデルセン	32
維管束	59
石垣島鍾乳洞	47
イチゴ	61
一万円札	74
一寸法師	32
イットリウムヒンガン石	73
イネ	84
イベルメクチン	57
医療用マスク	78
イワサキクサゼミ	53
インフルエンザウイルス	78,83
ウイルス	56,82,83,85
ウール	87
うどん	36
ウマ	31
エアバッグ	88
EVA樹脂	87
江戸前そば	36
エルンスト・ボリス・チェイン	81
円	10,18
鉛筆	12,38
鉛筆彫刻	38
黄色ブドウ球菌	81,82
大村智	57

か行

お札	74
おやゆび姫	32
オンシツコナジラミ	50
カ	54
カーボンナノチューブ	91
灰チタン石	73
カキ	67
カキクダアザミウマ	50
角銀鉱	73
拡大器	76
かぐや姫	32
梶田隆章	92
カシミアヤギ	31
かつおぶし	35,81
活字	40,41
カッペリーニ	36
かつらむき	35
カビ	80,81
カプセル内視鏡	88,92
カブトムシ	52
花粉	84,85
カボチャ	84
紙	86
カミオカンデ	92
髪の毛	30,31
紙やすり	69
ガラスコップ	44
ガリバー旅行記	33
カワキコウジカビ	81
頑火輝石	73
カンピロバクター	82
機械式うで時計	42
きしめん	36
きぬた骨	29
休止期	30
級数	41
切りベラ23本	37
金箔	45
茎	58,59
クジャク	64
クスクス	37
口	20
口ひげ	30

か行（続き）

くちびる	21
クマムシ	56
クモの巣の糸	78
クロカビ	80
クンショウモ	57
毛	30
蛍光ペン	12
結核菌	82
血管	28
結晶	70,73
ケヤキ	67
原子	90
研磨	69
光学顕微鏡	83
黄砂	85
号数	41
合成繊維	86,87
鉱物	72,73
ゴーヤ	60
氷	70,71
極小ねじ	43
極小ばね	43
極細ペン	13
小柴昌俊	92
五千円札	75
コットン	87
コバチ	51
コビトシジミ	52
米つぶ	62,63
米つぶアート	62
小指	27
こんぺいとう	47

さ行

細菌	47,56,82,83,85
細骨材	68
サインペン	13
錯視	15,16
サツマイモ	60
サヤツナギ	57
サンゴ礁	72
シオカラトンボ	54
磁器	69
耳小骨	29
自然金	73

舌	26	大動脈	28	白血球	92
シメジ	60	大理石	69	ハッチョウトンボ	53
指紋	27	タカラダニ	50	ハト	65
シャープペンシル	12	ダニ	80	バドミントン	65
シャトルコック	65	種	61	鼻	27
しゃぶしゃぶ肉	35	タバコシバンムシ	51	鼻毛	78
ジュラルミン	45	タンポポ	61	はね	64, 65
静脈	28	チビクロマルカブト	52	ばね	42, 43
シラカンバ	67	チャタテムシ	50	はねペン	64
シリコンの原子	90	つち骨	29	ハリネズミ	31
真菌類	80	ツツジ	84	ハワード・フローリー	81
辰砂	73	つめ	27	番手	69
スイカ	61	ティッシュペーパー	86	PM2.5	85
スーパーカミオカンデ	92	電子顕微鏡	83	ピエール・シモン・フルニエ	41
すかし	74	天然繊維	86, 87	飛行機	45
スギ	67, 85	トイレットペーパー	86	微生物	56
スギ花粉	78	陶器	69	ヒツジ	31, 87
すきやき肉	35	瞳孔	26	砒銅ウラン石	73
ストロマトライト	47	動脈	28	ヒト免疫不全ウイルス（HIV）	83
砂	68, 72	ドット	75	ヒノキ	67
スパゲッティ	36	トムソン沸石	73	皮ふ	28, 30, 82
スパゲッティーニ	36	トンボ	54	ヒマワリ	61
スパッタリング	24			ひやむぎ	36
すべりどめ	89	**な行**		ひょう	70, 71
正円	14	ナイロン	87	病原菌	82
精子	29	ナノテクノロジー	90, 91	微粒子	84, 85
製図用ペン	13	南関そうめん	37	フィラー	68
成長期	30	ニジュウヤホシテントウ	50	フィルター	89
正方形	10, 15, 40	日本工業規格（JIS）	41	フェデリーニ	36
世界最小のパスタ	37	ニホンコウジカビ	81	複眼	54
雪片	70	ニュートリノ	92	ふぐさし	34
線	10, 11, 12, 14, 15, 16, 17	ねじ	42, 43	ふぐ引き包丁	34
繊維	85, 86	年輪	66	ふくわらい	20
千円札	75	ノギス	18	不織布	85
ぜんまい	42	ノロウイルス	83	ふせん	86
そうめん	36			ふるい	22
ゾウリムシ	56, 57	**は行**		プロジェクタ	88
粗骨材	68	葉	58	ブロシャン銅鉱	73
ソメイヨシノ	84	肺	29	分子	90, 91
		肺胞	29	平行線	15, 17
た行		倍率	48	ペスト菌	82
退行期	30	パウダーギア	43	ペニシリン	81
胎児	29	歯車	42	ポイント	40
大静脈	28	パスタ	36	宝石サンゴ	47
大腸菌	82	ハダニ	51	ホウセンカ	61

放線菌 …… 57	ミジンコ …… 56	**や行**
ボールペン …… 13	水虫菌(白癬菌) …… 80	ヤマザクラ …… 67
星の砂 …… 72	ミドリムシ …… 56	雪 …… 70
ポストイナ鍾乳洞 …… 46	耳 …… 26	洋紙 …… 86
ポリエステル …… 87	ミュータンス菌 …… 82	葉脈 …… 58
ホロホロ鳥 …… 64	虫とり網 …… 53	ヨハネス・グーテンベルク …… 41
ま行	虫めがね …… 48	
	霧雪 …… 70	**ら行**
マーカーペン …… 12,13	ムネボソアリ …… 55	ラーメン …… 36
マイクロタービン …… 89	目 …… 20,23	卵子 …… 29
マイクロニードル …… 89	めがね …… 44	リチウムイオン電池 …… 44
マイクロ光造形法 …… 89	めしべ …… 58,59	竜頭 …… 42
マイクロブック …… 39	メッシュ …… 23	ロケット …… 44,45
マイクロマシン …… 88	MEMS …… 88	ロタウイルス …… 83
麻しんウイルス …… 83	面ファスナー …… 87	
マスク …… 85	毛細血管 …… 29	**わ行**
まつ毛 …… 21,30	毛周期 …… 30	和紙 …… 86
豆本 …… 39	木材 …… 67	ワムシ …… 56
まゆ毛 …… 20,21,30	モミ …… 66	
万年筆 …… 12		
ミカヅキモ …… 57		
『ミクロの決死圏』 …… 92		

A 答え

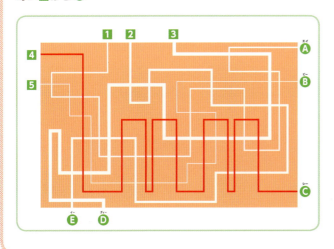

10ページ
Q1 2

11ページ
Q4 4からC

13ページ 1 B、2 E、3 A

14ページ
Q1 1 B、2 B、3 A
Q2 5

23ページ 1 網目の対角線は1mmよりも長くなるため、平らなものなら、1mm以上あっても通りぬけることができる。

58ページ
Q1 1 サンショウ、2 ヒイラギ、3 サクラ、4 マツ、5 ビワ
Q2 1 C、2 A、3 B、4 D

59ページ
Q3 1 A、2 C、3 B
Q4 1 B、2 C、3 A

86ページ 2

企画・構成・文／稲葉茂勝（いなば　しげかつ）
1953年東京都生まれ。大阪外国語大学、東京外国語大学卒業。国際理解教育学会会員。子ども向けの書籍のプロデューサーとして発表した本は、これまでに1000冊にのぼる。自らの著書・翻訳書の数は、50冊以上にのぼる。

編集／こどもくらぶ
こどもくらぶは、あそび・教育・福祉分野で、子どもに関する書籍を企画・編集している。おもな作品に、『日本の工業』『知ろう！防ごう！　自然災害』（以上、岩崎書店）、『歴史ビジュアル実物大図鑑』『はたらくじどう車スーパーずかん』『ポプラディア大図鑑WONDA　鉄道』（以上、ポプラ社）、『目でみる算数の図鑑』『目でみる単位の図鑑』『信じられない現実の大図鑑』『0歳からのえいご絵ずかん』『小学生の英語絵ずかん』『できるまで大図鑑』（以上、東京書籍）など、毎年100〜150タイトルほどの児童書を企画、編集している。
ホームページ　http://www.imajinsha.co.jp

装幀／松田行正＋杉本聖士（マツダオフィス）

DTP・制作／エヌ・アンド・エス企画

写真協力（五十音順・敬称略）
一文字厨器株式会社、榎本銘木店、鉛筆彫刻家 山崎利幸、株式会社にんべん、木の情報発信基地、京都大学 生存圏研究所 杉山淳司、国立研究開発法人 産業技術総合研究所、
国立研究開発法人 物質・材料研究機構 国際ナノアーキテクトニクス研究拠点、三省堂（例解小学国語辞典 第六版）、日本サンゴセンター、ニューウェル・ラバーメイド・ジャパン株式会社、パリノ・サーヴェイ株式会社、前田産業株式会社
Daiju Azuma、Dr. Guido Bohne, Kassel、Gilles San Martin、Jerry Oldenettel
Nikon's Small World, Dennis Hinks, Cleveland, Ohio, USA、Nikon's Small World, Geir Drange, Asker, Norway、Nikon's Small World, Jens H. Petersen, MycoKey, Ebeltoft, Denmark、Nikon's Small World, José R. Almodóvar, University of Puerto Rico (UPR), Mayaguez Campus, Biology Department, Mayaguez, Puerto Rico, USA、Nikon's Small World, Dr. Luca Toledano, Museo Civico di Storia Naturale di Verona, Department of Zoology, Verona, Italy、Nikon's Small World, Magdalena Turzańska, University of Wroclaw, Institute of Experimental Biology, Wroclaw, Poland、Nikon's Small World, Stefano Barone, Cremona, Italy
©iimura shigeki/nature pro. / amanaimages
©Antoinettew / ©Antonio Gravante / ©Hbh¦Dreamstime.com
©Alexey Kljatov / ©Andrea Danti / ©Andrey Popov / ©ba11istic / ©bbtomas / ©blanche / ©BRAD / ©by-studio / ©carla9 / ©ChaoticMind / ©DAN / ©denis augustin / ©Dieter Hawlan / ©Dreadlock / ©dreamnikon / ©dule964 / ©dusk / ©dvoevnore / ©evegenesis / ©john barber / ©jorgecachoh / ©kogamomama / ©kojihirano / ©koya979 / ©meisterphotos / ©Michal Ludwiczak / ©micro_photo / ©moonrise / ©NorGal / ©PackShot / ©pankajstock123 / ©Paylessimages / ©Reika / ©Renata Osinska / ©sarahdoow / ©Sebastian Kaulitzki / ©stockdevil / ©strelov / ©sumire8 / ©Svetoslav Radkov / ©tamayura39 / ©tenjou / ©twinschoice / ©Vitalina Rybakova / ©vivo96 / ©wizdata / ©Yatsugatake no kaze - Fotolia
Dmitry Kulakov / 123RF
ダムボ / プロモリンク / trikehawks / Viktoriia - PIXTA
※ここに記載しているもの以外は、写真のそばに掲載しています。

おもな参考資料
『顕微鏡でびっくり！ミクロの世界大研究』阿達直樹監修 PHP研究所 2012年
『昆虫レファレンス事典』日外アソシエーツ編集部編集 日外アソシエーツ 2005年
『昆虫レファレンス事典2』日外アソシエーツ編集部編集 日外アソシエーツ 2011年
『実物大人体図鑑』坂井建雄監修 ベースボール・マガジン社 2010年
『日本産幼虫図鑑』学研編集部編集 学研 2005年
『日本植物種子図鑑（増補改訂版）』中山至大・井之口希秀・南谷忠志著 東北大学出版会 2006年
『日本大百科全書』第2版 小学館 1994年
『はたらきがよくわかる！血液のふしぎ絵事典』梶原龍人監修 PHP研究所 2008年
『ポプラディア情報館 人のからだ』坂井建雄監修 ポプラ社 2006年
『山渓ハンディ図鑑14 樹木の葉 実物スキャンで見分ける1100種』林将之著 山と渓谷社 2014年
環境省ホームページ
神奈川県立総合教育センターホームページ
ほか、各機関ホームページ

※この本のデータは、2015年11月までに調べたものです。

目でみる1mm（ミリメートル）の図鑑（ずかん）

2015年12月18日　初版第1刷発行
2017年　3月24日　初版第2刷発行

編　者　こどもくらぶ
発行者　千石雅仁
発行所　東京書籍株式会社
　　　　〒114-8524　東京都北区堀船2-17-1
　　　　電話 03-5390-7531（営業）03-5390-7508（編集）
　　　　http://www.tokyo-shoseki.co.jp
印刷・製本　図書印刷株式会社

Copyright © 2015 by Kodomo Kurabu and Tokyo Shoseki Co., Ltd.
All Rights Reserved. Printed in Japan
乱丁・落丁の際はお取り替えさせていただきます。本書の内容を無断で転載することはかたくお断りいたします。
ISBN 978-4-487-80936-3 C0640